guide

GOOD WOOD GUIDE

First published in 1996
by HarperCollins Publishers, London

This paperback edition first published in 2002
by HarperCollins Publishers, London

Copyright © HarperColins Publishers, 1996

Jacjet photograph : Neil Waving
Jacket illustrations : Robin Harris

Photography
The studio photographs for this book were taken by
Neil Waving,
with the following exceptions:
Ben Jennings, pages 31, 37 (B), 93 (R), 99 (BR)

The producers are also indebted to the following for the
use of photographs:
Gavin Jordan, pages 10, 16
Karl Danzer Furnierwerke, pages 13 (BR),
27 (TL), 84 (BL)

Simo Hannelius, pages 18, 19, 42, 106
Southeastern Lumber Manufacturers Association (Jim
Lee),
pages 20, 22, 86 (BL)
Practical Woodworking, page 27 (BL)
Wagner Europe, page 27 (BR)
Council of Forest Industries of Canada, pages 28, 43
(BL)
Buckinghamshire College, pages 34 (TL),
108 (L)
International Festival of the Sea (Peter Chesworth), page
36 (B)
John Hunnex, page 36 (T)
Stewart Linford Furniture (Theo Bergström), page 37 (TL)
Roger Bamber, pages 40-1
Malaysian Timber Council, pages 54, 55 (BL)
Schauman Wood Oy, page 85

Designer-makers
Philip Larner, pages 34 (TL), 108 (L)
John Hunnex, page 36 (T)
Stewart Linford, page 37 (TL)
Derek Pearce, page 37 (TR)
Mike Scott, page 37 (CR)

good wood guide
木工技能シリーズ❷
木材の選択

著者：
アルバート・ジャクソン、デヴィド・デイ
（Albert Jackson and David Day）

日本語版監修：
喜多山 繁（きたやま しげる）
京都大学農学部卒。東京農工大学名誉教授。
主な著書(編著)『木材の加工』(文永堂出版)、
『切削加工』(海青社)。

翻訳者：
三角 和代（みすみ かずよ）

発　　行　2010年11月1日
発 行 者　平野　陽三
発 行 元　ガイアブックス
　　　　　〒169-0074 東京都新宿区北新宿3-14-8
　　　　　TEL.03(3366)1411　FAX.03(3366)3503
　　　　　http://www.gaiajapan.co.jp

発 売 元　産調出版株式会社

Copyright SUNCHOH SHUPPAN INC. JAPAN2010
ISBN 978-4-88282-763-4 C3058

落丁本・乱丁本はお取り替えいたします。
本書を許可なく複製することは、かたくお断わりします。
Printed and bound in China

木工技能シリーズ❷
木材の選択

著者／アルバート・ジャクソン　デヴィド・デイ

日本語版監修／**喜多山　繁**

本書の活用にあたって

木材の選択

　木材は人間が自分たちの生存のために、最初に利用した材料であったろう。身の回りに豊富に存在し、加工が容易であった木材は、人間の歴史とともに連綿として、人間の生活を支え、生命を守ってきた。近年、科学技術の進歩とともに、金属や化石資源などを利用し、新しい物質や材料を開発や合成して、快適な生活を享受しているが、反面資源の枯渇や環境汚染などの事態も引き起こしている。

　木材は太陽エネルギーと炭酸ガスと水とで生育する持続可能な理想的循環資源であり、森林資源の造成と木材の積極的な利用は、地球環境の改善によい影響をもたらすという認識が森林一般に持たれるようになってきた。

　本書は、木材の生長や組織、形態から解説し、利用できる有用樹種、その分布などを環境に対する配慮をまじえて示している。さらに、木材を有効に利用するための木質ボードや化粧単板などについて広汎に解析し、木材加工者が木材を取り扱うにあたって基本的に知っておくべき事柄が、豊富なイラストや写真と共にていねいに示されている。

目次

本書の活用にあたって	6
はじめに	8

Chapter 1　原材料　9

木の起源／木はどのように生長するか／環境保護と木／一般的な用途の簡単ガイド／林業と育成／伐出、運材／製材／自分で製材する／木材乾燥／木材の選別／木材の特性／蒸煮曲げ加工／積層材を曲げる／木材の万能性／木の敵

Chapter 2　世界の木材　39

木の分布／

世界の針葉樹材〜シルバーファー、クイーンズランドカウリ、パラナパイン、フープパイン、レバノンスギ、イエローシーダー、リーム、カラマツ、ノルウェースプルース、シトカスプルース、シュガーパイン、ウエスタンホワイトパイン、ポンデローサパイン、イエローパイン、ヨーロピアンレッドウッド、ダグラスファー、セコイア、ユー、ウエスタンレッドシーダー、ウエスタンヘムロック

世界の広葉樹材〜オーストラリアンブラックウッド、ヨーロピアンシカモア、ソフトメープル、ハードメープル、レッドアルダー、ゴンセロルビス、イエローバーチ、ペーパーバーチ、ボックスウッド、シルキーオーク、ペカンヒッコリー、アメリカンチェスナット、スイートチェストナット、ブラックビーン、サテンウッド、キングウッド、インディアンローズウッド、ココボロ、エボニー、ジェラトン、クイーンズランドウォルナット、ユティール、ジャラ、アメリカンビーチ、ヨーロピアンビーチ、アメリカンホワイトアッシュ、ヨーロピアンアッシュ、ラミン、リグナムバイタ、ブビンガ、ブラジルウッド、バターナット、アメリカンウォールナット、ヨーロピアンウォールナット、イエローポプラ、バルサ、パープルハート、アフロルモシア、ヨーロピアンプレーン、アメリカンシカモア、アメリカンチェリー、アフリカンパダック、アメリカンホワイトオーク、ジャパニーズオーク、ヨーロピアンオーク、アメリカンレッドオーク、レッドラワン、ブラジリアンマホガニー、チーク、バスウッド、ライム、オベシエ、アメリカンホワイトエルム、ダッチエルム

Chapter 3　単板　　　　　　　　　　　　　　　　　　　　　83

単板の製造／切削方法／単板の種類(瘤部の単板、瘤杢単板／根元部分の単板／クラウンカット単板／ちりめん杢単板／カール単板／フレーク杢単板／放射杢単板／縞杢、リボン杢単板／カラー単板／再構成単板)／線と縁取り／単板を貼る道具／下地材の調整／曲面の下地材の調整／単板の準備／手作業で単板を貼る／当て板で単板を圧締する／線と縁取りを貼る

Chapter 4　木質ボード　　　　　　　　　　　　　　　　　105

合板／合板の使用／合板の種類／ブロックボードとラミンボード／積層材を曲げる／パーティクルボード／ファイバーボード／木質ボードを加工する／縁材／板の仕口

木工仕上げ　　　　　　　　　　　　　　　　　　　　　　　118

木の種類　　　　　　　　　　　　　　　　　　　　　　　　120

用語集　　　　　　　　　　　　　　　　　　　　　　　　　123

索引　　　　　　　　　　　　　　　　　　　　　　　　　　126

はじめに

　誰よりも経験を積んだ木工作業者でも、木材の全種類を言いあてることはむずかしいものだ。つまり残りの私たちには、よく使われる木材でもなかなか見分けがつかないことも多々あるだろう。どんな場合でも、色、杢、木目、肌目を確認しただけでは、目的にあった最適な木を選ぶことはできない。その木材の特性と用途──たとえば、目的に見合うだけの強度があるか、どんな仕上げをしたらいいのかを知ると、問題を事前に防ぐことでができ、作業もずっとたやすくなる。さらに、木質ボードや単板をむく材の代替品として、あるいは特性と効果を知ったうえで、あえて選択することも可能だ。

　また、ニューフェイスの木材は出所があいまいなこともあるので、どの木材が危機に瀕している種なのか、ユーザーの私たちが把握しておくことが大切だ。こうして情報を選び、このすばらしい原材料の供給が絶えないように着実な努力をしておきたい。

Chapter 1　原材料

木工作業者の中には、
木材となる木を実際に
見ることのできない人もいるが、
物質としての木の成り立ちと
生長のしかたを
いくらか理解しておけば役立つ。
こうすることで、各木材の特性や、
同じ木でも使用する箇所によって
どれだけ違いがあるかを理解し、
この独特な原材料を活かし、
仕上げることができるだろう。

THE RAW MATERIAL

木の起源

森林にしろ、1本だけ生えているにしろ、木は天候の調整に役立ち、多くの植物や生物の住みかになってくれる。木からの産物は、天然の食料から樹脂、ゴム、薬といった工業製品に使用される抽出成分まで幅広い。そして伐採して木材になると、無限に応用がきき、どこでも使用できる原材料となる。

木は何でできている？

植物学的には、木は種子植物門に属している——種子をもつ植物であり、さらに裸子植物と被子植物へ区分される。裸子植物は針状の葉をもつ針葉樹として知られ、被子植物は葉が広く落葉性か常緑性で、こちらは広葉樹として知られている。木はすべて多年性植物だ。つまり、少なくとも3年は生長を続けるという意味である。

典型的な木のもっとも大きな茎部分が幹で、葉をつける枝のある樹冠を擁している。根の部分は木を地面に固定し、また、水分と養分を吸いあげ、木を持続させる役割も果たしている。幹の外側は、根から葉へ樹液を運ぶ道管として機能する。

養分と光合成

木は葉の気孔と呼ばれる孔から二酸化炭素を取りいれ、葉からの蒸発が微細細胞（下記参照）を通して樹液を引きこむ。葉の緑色の色素が日光からエネルギーを取りこみ、二酸化炭素と水から有機化合物を作る。この反応は光合成と呼ばれ、木が生きていける養分を作りだし、同時に大気中へ酸素を放出する。葉が作りだす養分は木の中を分散して生長している部分へ届き、また、特定の細胞に蓄えられる。

木材が"呼吸"しているから、メンテナンスの一環として養分を与えることが必要と考えられていることも多いが、木はいったん伐採されると機能停止する。その後に生じる膨潤や収縮は、たんに木材が環境に適応して、スポンジのように湿気を吸収したり放出したりしているだけだ。ワックスやオイルといった仕上げ剤は表面を強めて保護し、ある程度の安定した働きをするよう助けるが、木材に"栄養を与えている"わけではないのだ。

細胞の構造

木材構造は、巨大なセルロースの管状細胞が有機物のリグニンと結合して形づくっている。この細胞は木を支え、樹液の循環そして養分の貯蓄を助けてくれる。大きさ、形状、配置はさまざまだが、一般には長く薄く、その木の幹や枝のおもな軸に沿って縦方向に走っている。この向きが繊維方向に関連して特性を生みだし、さらに種によって異なる大きさや配置は細かなものから粗いものまであり、木材の肌目という特性を示している。

木の特定

細胞を調べれば、切削された木材が針葉樹材か広葉樹材かといった特定は可能だ。針葉樹材の単純な細胞構造は、おもに仮道管細胞で構成されている。この細胞がまず樹液を伝える役割を果たし、さらに構造を支えている。これらは一定の放射状に広がる層となって、木の本体を作っている。

広葉樹材は針葉樹材に比べて仮道管が少ない。代わりに、樹液を伝える道管や気孔があり、構造を支持する繊維がある。

成長した針葉樹の森林

木はどのように生長するか

樹皮と木部のあいだにある生きた細胞の薄い層は形成層と呼ばれ、毎年新しい木部を内側に、外側に靱皮あるいは師部を作りだす。木の内径が長くなるにしたがって、古い樹皮は割れ、新しい樹皮が靱皮によって形づくられる。形成層の細胞は弱く、薄い壁状になっている。生長の季節には水分を含み、樹皮は簡単にはがれる。冬季にはこの細胞は固くなり、強固な樹皮へと変わる。内側の新しい木部の細胞は2種類に分かれていく。生きた細胞は木の養分を蓄え、機能停止した細胞は樹液を運び、構造を支持する。この2種類の細胞が辺材の層を作る。

辺材では、毎年新しい輪が前年の輪の外側に作られていく。同時に、より中央に近いもっとも古い辺材は、もはや水分を運ぶ役割を果たさなくなる。この部分は化学的に心材へと変化し、木の骨格を形づくることになる。心材部分は毎年大きくなっていくが、辺材は木が生きている限りほぼ同じ厚さのままである。

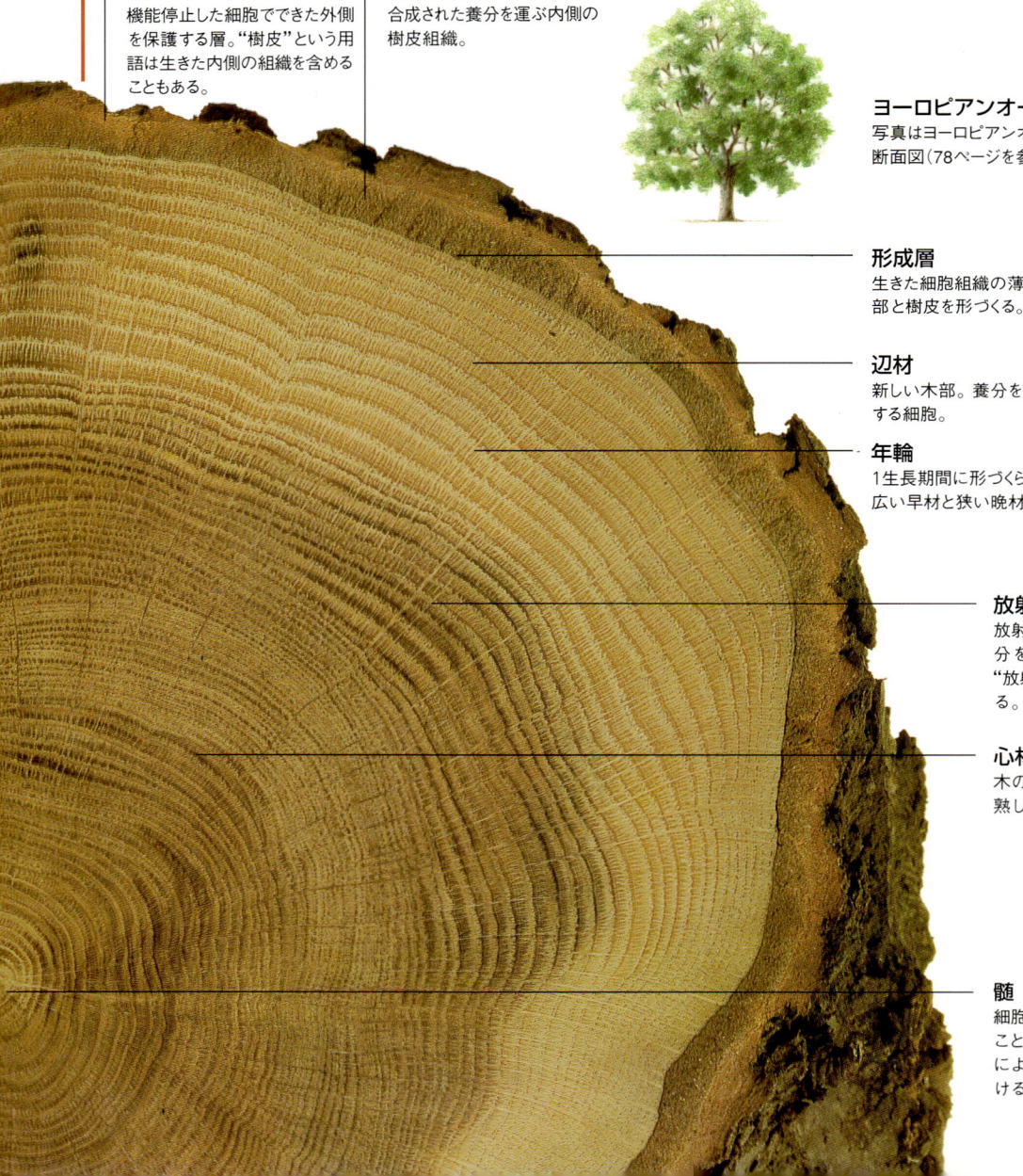

樹皮
機能停止した細胞でできた外側を保護する層。"樹皮"という用語は生きた内側の組織を含めることもある。

靱皮、あるいは師部
合成された養分を運ぶ内側の樹皮組織。

ヨーロピアンオーク
写真はヨーロピアンオークの幹の断面図（78ページを参照）。

形成層
生きた細胞組織の薄い層で、新しい木部と樹皮を形づくる。

辺材
新しい木部。養分を運んだり蓄えたりする細胞。

年輪
1生長期間に形づくられた木部の層で、広い早材と狭い晩材からなる。

放射組織
放射線状の組織で、養分を垂直方向に運ぶ。"放射細胞"とも呼ばれる。

心材
木の骨格を形づくる成熟した木部。

髄
細胞の中央の芯。弱いこともあり、しばしば菌による被害や虫害を受ける。

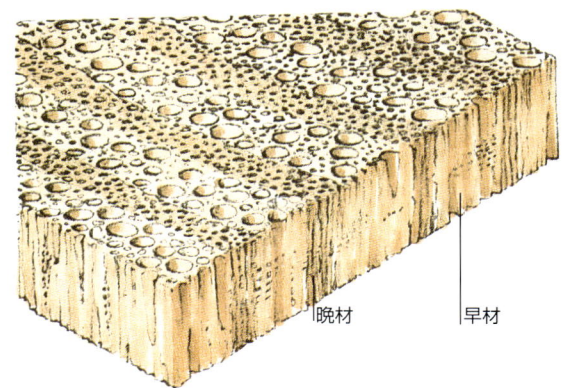

放射組織

　放射組織、あるいは放射細胞は木の中心から放射線状に並んでいる。辺材を通って水平に養分を運び、蓄える部分で、幹の軸を通る細胞と同じ役割を果たしている。放射組織によって形づくられるたいらな垂直の帯は、針葉樹材にはほとんど見られない。オークのような広葉樹材の仲間には、とくに柾目挽きにした場合、放射組織がはっきりと現れるものがある。

辺材

　辺材はより明るい色をしているので、たいてい見分けがつく。暗い色の心材とは対照的だ。しかしながら、このちがいはもとから色の薄い木、とくに針葉樹ではあまり目立たなくなる。辺材の細胞はどちらかといえば薄く多孔質なので、湿気にやられやすく、厚みのある心材より収縮しやすい。裏を返せば、この多孔質という特性のおかげで、辺材は染料や保護剤を容易に吸収できるということになる。

　木工作業者にとって、辺材は心材より使い目がない。家具製作者は通常この部分はカットして破棄する。菌の害に弱く、一部の細胞に含まれている炭水化物は害虫にも狙われやすいからだ。

心材

　辺材の細胞が機能停止すると、心材となる。木の生長にこの先かかわることはなく、有機物質で詰まることもある木部だ。詰まった細胞をもつ広葉樹材——たとえばホワイトオーク——は浸透性がなく水漏れしないので、細胞のひらいた心材で比較的多孔性のレッドオークなどに比べると、樽のような道具にはずっと適している。

　機能停止した細胞の壁に変色を引き起こす化学物質は、広葉樹材の場合はときに濃くなることもあり、これは抽出成分と呼ばれている。抽出成分はまた虫害や菌にある程度の抵抗力を発揮する。

年輪

　早材と晩材によって生まれるはっきりとした帯は、1シーズンの生長を示すもので、伐倒した木の樹齢や生長時期の気候条件が読みとれる。簡単な例をあげると、広い年輪は生長条件がよかったことを示し、狭い年輪は条件がよくなかったり、日照りだったことを示している。年輪を研究すると、木の生長のさらに細かい歴史を読み解くことができる。

早材

　早材、あるいは春材は年輪の生長が早かった春季の部分で、生長時期の初期を示している。針葉樹では壁薄の仮道管細胞が早材の厚みを形づくり、樹液がすばやく伝達されるよう促している。広葉樹ではひらいたチューブのような細胞が同じ役割を果たす。早材は年輪のより広い幅の部分、あるいはより色の薄い部分として見分けることができる。

晩材

　晩材、あるいは夏材は夏季にゆっくりと生長した部分で、壁厚の細胞を作りだす。ゆっくり生長することによって、より固く、そして通常はより色の濃い木となり、樹液を運ぶよりも木を支持する役割を果たしている。

若い広葉樹

環境保護と木

　木製品は私たちの生活で、ますます広く使われるようになっている天然資源だ。木は環境の調節に重大な役割を担ってもいる。最近では環境問題が意識されるようになり、過剰な伐採や環境汚染によって危機に瀕している森林の窮状が注目を浴びるようになった。森林を守るためには、現在のエネルギー源より、さらに効率のよいものの開発が待ち望まれる。また、二酸化炭素の排出を始めとする環境汚染物質のさらなる規制が必要だ。

環境面の脅威

　化石燃料を燃やした副産物である二酸化炭素は、地球の大気の一部を構成している。生きた木はこの気体を吸いこみ（10ページを参照）、大気中の自然なバランスを維持する役割の一端を担っている。しかしながら、二酸化炭素の数値は自然に吸収される以上のスピードで増えており、温室効果が生じるほどになっている。こうして二酸化炭素を始めとする気体が地球の放射熱に吸収蓄積されてしまい、地球温暖化を引き起こしている。

　南半球では、アマゾンの多雨林を農耕と放牧目的で更地にするため故意に燃やしており、原始林の品種が減少するだけでなく、温室効果の一因にもなっている。北半球での工業地帯から流れでる汚染大気は、個々の木だけでなく森林全体を枯らす酸性雨の引き金となる。

ワシントン条約

　本書執筆の時点で、施行されている国際保護条例はCITE――絶滅のおそれのある野生動植物の種の国際取引に関する条約、通称ワシントン条約――が定めているものだけだ。ワシントン条約には附属書と呼ばれる段階が3つある。2年ごとの定例会議で、3附属書のすべての種について検討され、各項目かに追加されるものや削除されるものが決められる。

　附属書Ⅰには絶滅のおそれのある種が挙げられ、輸入・輸出のすべての商業取引が種や製品も含めて禁止されている。

　附属書Ⅱには、商取引を管理しなければ絶滅のおそれが生じるだろう種が含まれている。輸出には輸出国政府が発行した輸出証明書の添付が必要で、この証明書はその種が合法的に入手されたもので、輸出しても種の存続に有害ではないことを調査されたのちに、発行される。輸入業者は輸入証明書を入手しなければならない。

　附属書Ⅲの種は、その国固有の種が絶滅の危機に瀕している、あるいはそのおそれがあると判断された場合、当該国により記載される。記載することによって当該国は輸出量を管理する手段を得られ、いっぽう輸入業者側は、やはりワシントン条約の輸入証明書が必要となる。

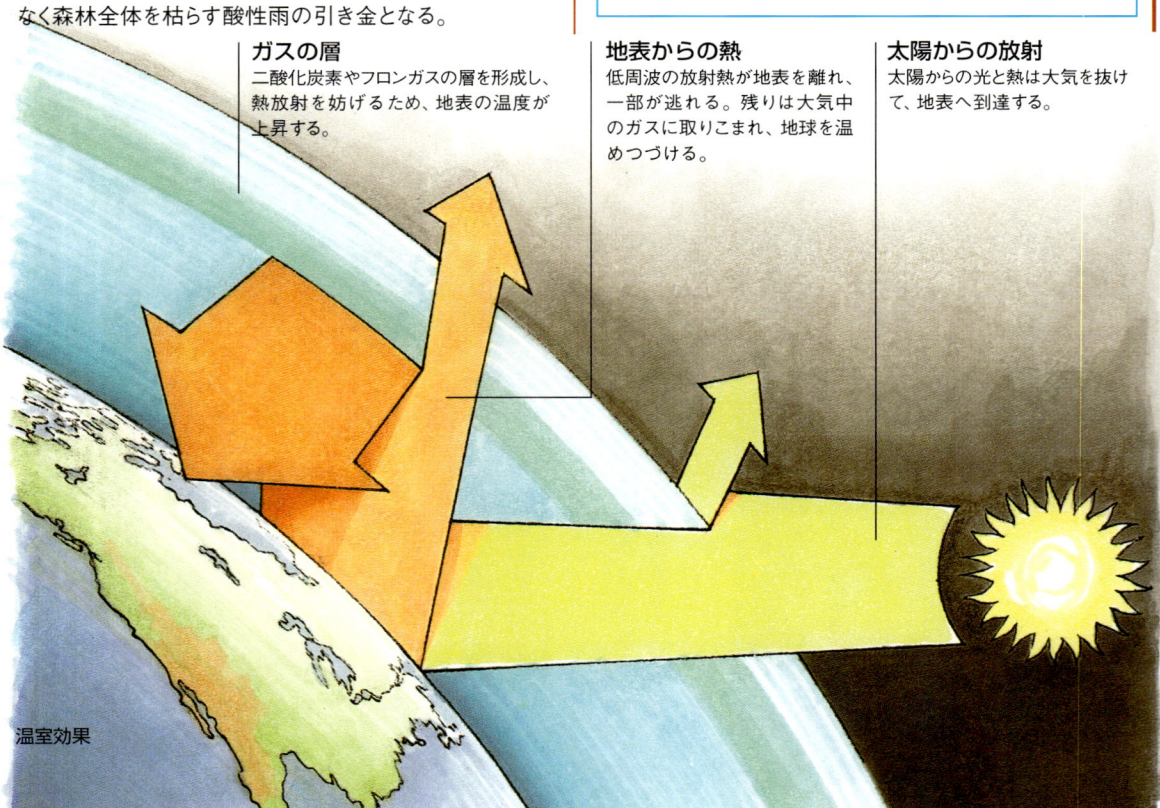

ガスの層
二酸化炭素やフロンガスの層を形成し、熱放射を妨げるため、地表の温度が上昇する。

地表からの熱
低周波の放射熱が地表を離れ、一部が逃げる。残りは大気中のガスに取りこまれ、地球を温めつづける。

太陽からの放射
太陽からの光と熱は大気を抜けて、地表へ到達する。

温室効果

増大する不安

熱帯の広葉樹、それどころか南アメリカの針葉樹の存続でさえ、危機に瀕しているか崩壊寸前との意見もあれば、問題なく管理されているとの意見もある。真実は両者の中間にあるようだ。

環境保護団体は、熱帯林や雨林で大規模に落葉していることに、西側世界の注意を喚起してきた。しかしながら、一部が提案しているような熱帯産広葉樹材輸入の全面禁止は林業にダメージを与え、発展途上国の収益を奪うことになる。くわえて、伐倒された木材が製材され輸出される量以上に、地元民による森の焼き払いで破壊される量が多い。多国籍鉱業やダム建設計画もまた問題となってくるし、製紙産業も単純林造成のために、複数の種が生育する原始林を刈るから同様に問題だ。

木材の流通

木は再生できる資源だから、正しい計画を立てることで、熱帯産広葉樹材の供給の持続を保証することも可能なはずだ。現在は、信頼できる供給源の木材だけを取引し使用している材木の製材者、流通業者、ユーザーにはますます厳しい状況になりつつある。

FSC（森林認証機構）やフォレスト・フォーエバーといった団体は材木業者や流通業者も幹部に名を連ね、木材ユーザーの自覚と知識の増大を目的としている。どちらの団体も熱帯、温帯、寒帯の樹木を、林業者や材木会社によって栽培され管理された方法にしたがって認証するしくみを作ろうとしている。

代替品を使う

ワシントン条約の影響で、木工作業者にとっては特定の外来木材はかなり入手しづらくなっており、古い在庫にしか見つからないことだろう。こうした事情があるので、代替の木材や温帯地方で採れる木の使用を考えてみてもいい（17ページを参照）。評判のよい業者なら、代替の木材や、信用できる供給源から入ってくる使用可能な熱帯産広葉樹材についてアドバイスできるだろうし、"地元の人間として行動し、地球規模で考える"手助けにもなってくれるだろう。

絶滅の危機に瀕した木

リグナムバイタ　アフロルモシア　ブラジリアンローズウッド

リグナムバイタ（70ページを参照）とアフロルモシア（74ページを参照）はワシントン条約の附属書Ⅱに記載され、丸太、製材、単板の供給に規制がかかっている。ブラジリアンローズウッド *Dalbergia nigra*（下記）は絶滅の危機に瀕しており、附属書Ⅰに記載されている。この美しい色と木目の木はかつて高級家具、挽物、彫刻に広く使用されていたが、もはや商業目的では手に入らない。

ブラジリアンローズウッド

原材料

原材料

温帯の広葉樹材

　北アメリカとヨーロッパの温帯の森からとれる木材は、すでに持続性のある方法で生産されている。アメリカ合衆国では多目的・持続的収穫法によって、公有地における伐採量は年間の生長量を超えてはならないと決められている。こうして、公的な森林が野性生物の生息地にもなり、河川の流域や土壌浸食もコントロールし、同様に人の憩いの場としても使用されている。30年間単位で絶えず再生させる基本方針により、同時期に伐採される量の約50％増しで広葉樹が栽培されている。

　流通する広葉樹材の多くは2度目、3度目、あるいは4度目に伐採された広葉樹林のもので、ローテーションを基本に管理されている。現存する原始林は商業目的の伐採からは保護されており、古い木が伐倒されることはない。

　温帯性広葉樹材は"外来"の熱帯種ほど色の選択肢は多くないだろうが、色は染色剤で変更できる。代替として使える木は次のページの図表を参照してほしい。

熱帯の広葉樹材

　仕上げられた木工製品をながめれば、杢と色に幅がある熱帯の広葉樹にこれだけ需要がある理由がすぐにわかる。不幸なことに、種類によっては過剰に伐採されてきたものもあり、そうした材がもはや容易に入手できなくなるときが近づいている。

　熱帯の広葉樹が愛されている例として、マホガニーの豊かな赤みはヴィクトリア朝に家具材として好まれており、この傾向は今なお続いている。発展途上国から輸入される熱帯産木材の代表となり、建設業や内装家具製作に膨大な量が使用されてきた。

マホガニーの種類

　マホガニーは数多い類材の総称となった。南アメリカ産のものは"本物の"マホガニー（Swietenia spp.）と呼ばれ、通常キューバンマホガニー、ホンジュラスマホガニー、スペインマホガニー、ブラジリアンマホガニーとして知られている。この中では、ブラジリアンマホガニーがもっとも一般的だ。

　アフリカンマホガニーはクハヤという植物種のものだ。高まる需要に応えるため、通常サペリと呼ばれる*Etandrophragma*属の木も類似点が多いことからマホガニーとして取引されている。さらに混乱することに、レッドラワンも誤ってフィリピンマホガニーと表記されることもある。

スウィテニア（マホガニー）減少しつつある種

　南アメリカのスウィテニア種は減少しつつある種で、その原因は深刻な環境問題を引き起こしている森林開発だ。機械化が進み、砂利道が作られて、伐出する木材の量と比較すると釣りあわないほどの大きなダメージが森にもたらされた。不幸なことに、このマホガニーは伐採されてきた森林地域では容易に自生しないため、自然に再生する例はほとんどない。地元の人々から見れば、伐採業者が木を伐出して不法に強奪してきたとも言える。さらに、森全体が更地にされることがあまりにも多い。多くは焼き払って移住者の農地とするためだ。信用のある輸入業者は保証つきの素材しか扱わず、船積みに際して税金も支払っている。この税金は原産国の林業向上を促進するために使われている。

火入れによる焼き畑化

一般的な用途の簡単ガイド

本書に登場する木すべてについて、おもな用途を記した早見表

	建築構造	建具―外装	建具―内装	ドア	フローリング	家具	挽物	彫刻	楽器	スポーツ用品	箱物	船材	道具の柄
針葉樹材													
シルバーファー Abies alba	◇		●		●						●		
クイーンズランドカウリ Agathis spp.			●			●							
パラナパイン Araucaria angustifolia	◇		●			●	●						
フープパイン Araucaria cunninghamii	◇		●		●	●					●		
レバノンスギ Cedrus libani	◇		●			●							
イエローシーダー Chamaecyparis nootkatensis	◇	●	●	●	●	●						●	●
リムー Dacrydium cupressinum	◇		●		●	●							
カラマツ Larix decidua	○	●	●	●	●							●	
ノルウェースプルース Picea abies	◇		●		●	●			●				
シトカスプルース Picea sitchensis	◇		●			●	●		●	●	●	●	
シュガーパイン Pinus lambertiana	◇		●								●		
ウエスタンホワイトパイン Pinus monticola	◇		●	●							●		
ポンデローサパイン Pinus ponderosa	◇		●	●			●				●		
イエローパイン Pinus strobus	◇		●	●									
ヨーロピアンレッドウッド Pinus sylvestris	○	●	●	●	●	●					●	●	
ダグラスファー Pseudotsuga menziesii	○	●	●	●	●							●	
セコイア Sequoia sempervirens	◇	●	●										
ユー Taxus baccata			●			●	●						
ウエスタンレッドシーダー Thuja plicata	◇	●	●			●					●	●	
ウエスタンヘムロック Tsuga heterophylla	○		●	●		●							
広葉樹材													
オーストラリアンブラックウッド Acacia melanoxylon			●		●	●	●		●				●
ヨーロピアンシカモア Acer pseudoplatanus			●		●	●	●		●		●		
ソフトメープル Acer rubrum			●	●	●	●				●			
ハードメープル Acer saccharum			●	●	●	●				●			●
レッドアルダー Alnus rubra						●	●						
ゴンセロルビス Astronium fraxinifolium		●				●	●						
イエローバーチ Betula alleghaniensis			●	●	●	●				●			
ペーパーバーチ Betula papyrifera							●			●			
ボックスウッド Buxus sempervirens							●						●
シルキーオーク Cardwellia sublimis	△		●		●	●							
ペカンヒッコリー Carya illinoensis						●	●			●			●
アメリカンチェストナット Castanea dentata			●		●	●					●		
スイートチェストナット Castanea sativa	◇		●		●	●	●						
ブラックビーン Castanospermum australe	△		●		●	●							
サテンウッド Chloroxylon swietenia	△		●	●	●	●							●
キングウッド Dalbergia cearensis						●	●						
インディアンローズウッド Dalbergia latifolia			●		●	●	●		●				●
ココボロ Dalbergia retusa						●	●						●
エボニー Diospyros ebenum						●	●		●				
ジェラトン Dyera costulata			●			●		●					
クイーンズランドウォルナット Endiandra palmerstonii					●	●							
ユティール Entandrophragma utile	◇	●	●	●	●	●						●	
ジャラ Eucalyptus marginata	△	●	●		●		●					●	●
アメリカンビーチ Fagus grandifolia	◇		●		●	●	●						
ヨーロピアンビーチ Fagus sylvatica	○		●	●	●	●	●			●			
アメリカンホワイトアッシュ Fraxinus americana	◇		●		●	●	●			●			●
ヨーロピアンアッシュ Fraxinus excelsior	◇		●		●	●	●	●		●			●
ラミン Gonystylus macrophyllum			●		●	●							
リグナムバイタ Guaiacum officinale							●			●			
ブビンガ Guibourtia demeusei		●	●			●	●						
ブラジルウッド Guibourtia echinata	△						●		●				
バターナット Juglans cinerea			●			●	●	●			●		
アメリカンウォールナット Juglans nigra			●	●		●	●	●		●			●
ヨーロピアンウォールナッツ Juglans regia			●	●		●	●	●		●			●
イエローポプラ Liriodendron tulipifera	◇		●	●		●					●		
バルサ Ochroma lagopus						●							
パープルハート Peltogyne spp.	△		●		●	●	●		●			●	●
アフロルシア Pericopsis elata	○	●	●	●	●	●						●	
ヨーロピアンプレーン Platanus acerifolia	◇		●	●		●	●						
アメリカンシカモア Platanus occidentalis	◇		●		●	●					●		
アメリカンチェリー Prunus serotina			●			●		●					
アフリカンパダック Pterocarpus soyauxii	△	●	●		●	●	●					●	●
アメリカンホワイトオーク Quercus alba	△	●	●	●	●	●	●			●	●	●	
ジャパニーズオーク（ミズナラ）Quercus mongolica	○	●	●	●	●	●							
ヨーロピアンオーク Quercus robur/Q.petraea	○	●	●	●	●	●	●			●		●	
アメリカンレッドオーク Quercus rubra	○		●	●	●	●							
レッドラワン Shorea negrosensis			●	●	●	●					●	●	●
ブラジリアンマホガニー Swietenia macrophylla	△		●	●	●	●	●	●			●	●	
チーク Tectona grandis	○	●	●	●	●	●	●					●	
バスウッド Tilia americana			●			●	●	●			●		●
ライム Tilia vulgaris			●				●	●	●				
オベシエ Triplochiton scleroxylon			●			●							
アメリカンホワイトエルム Ulmus americana	△		●		●	●						●	
ダッチエルム Ulmus hollandica/procera	△		●		●	●	●					●	

建築構造の表示： △ ＝重構造　　◇ ＝軽構造　　○ ＝重軽構造

原材料

17

原材料

林業と育成

　原材料として、木はその有用性のためにかえって犠牲になったとも言える。むかしは森林が永遠に木を供給できるかのように思われ、たいして将来のことを考えないまま切り倒されてきた。ヨーロッパの原始林が尽き果ててから久しく、最近になってから、同様の枯渇から北アメリカを守る法律が制定された。しかし、現在の発展途上国では、目先の財源確保のために自国の天然林資源を開発することが必要だと考えられている。

生態系

　森林の生態系は高度に複雑化し共生関係にある相互的な生命維持のしくみで、多様な動植物相が暮らしていけるようになっている。どの植物種も他者のライフサイクルに影響しあっている。

　原始林が成熟するには何百年という歳月がかかる。まず、地衣植物や苔の形状をした原始植物がむきだしの岩の表面に群生する。そうするうちに、この原始植物のおかげで土の層が形成されていき、さらに複雑な花をつける植物の誕生につながっていく。そこに、さらに大きな低木類が生え、若木が成熟した森へと育っていくのだ。

　そのままにしておけば、森は永続的な環境を形成していくが、その土地によって異なる気候や山火事などの自然災害に多かれ少なかれ影響を受ける。そうした異なる条件にもっとも適応できる植物が優勢になるだろう。しかし、生態系が外部要因によって大きく変化すると、森が自生していける確率はぐっと少なくなってしまう。

造林

　人工森林の育成は造林と呼ばれる。現代の造林では、有効な生態系を維持できる生産的な森林の発展を、できるだけ短いサイクルで作りだし管理するために、科学的な研究成果を利用している。そのためにはさまざまな手数が必要だ。注意深い育種、増殖、現地の土壌に適した光を好む、あるいは日陰でも育ちやすい種類の木の選択、そして植樹。さらにより丈夫な種類のために弱い木を間引きし、下刈りを他樹種による再造林、適切な場所では自然播種による造林、害虫と病害の対策をし、森林全体の健康状態を絶えず監視しなければならない。

丸くわを使ってペーパーバーチを植える

人工林

　人工林を作るおもな目的は、経済取引される木材生産のために再生できる供給源を確保することだ。ほかの要素としては、たとえば土壌が浸食されたり洪水が起きたりといった地元の気候や、あるいは人の憩いのために利用したりといったことも、同様に深く考慮する。

　西洋社会では、新しい森林はたいてい生長の早い針葉樹で成り立っている。生長の遅い広葉樹に比べ、より厳しい自然条件に適合しやすい種で、"先駆種"としてすぐに定着することができるからだ。こうした単純林は比較的短い期間で経済取引される木材を生みだしてくれる。たとえば、建設業や製紙産業、木質ボード生産業といった規模の大きな業界で使われる木材だ。

　広葉樹を人工林に植えることもあるが、生長の遅い木は通常、最初の造林が育ってから導入される。その頃になれば、形成された生態系のおかげで、さまざまな種が育つようになっているからだ。

森林を形成する

　森林経営は長期・短期の経済目標に見合うよう、最大限の効果を狙って高度に機械化されている。現在、若木は苗床である程度育成してから、列状に規則的に植樹される。最初は自然原因で若木が枯れることを見越して、また、のちに間引いて管理したくなった場合に備えて、成熟した木の予想産出量の10倍を植樹する。自然のまま放置された場所には、航空機で肥料、農薬、殺菌剤をまき、木の生長を促し、損失を最小限に食い止めるようにする。

森林を伐採する

　森林は伝統的に輪作を基本にして伐採されいてる。このしくみでは、森林の1部を完全に皆伐し、ふたたび植樹し、森林に残った木は生態系のバランスを大きく変えることなく新しい植樹を保護する役目を担う（これは異なる種類でもよい）。残った区画は木が成熟したら伐採される。広い区域に渡って伐採する際は、次世代の種となるように選別した木を切らずに残すこともある。新しい森林がひとたび形成されたら、成熟した木を切り倒し、若木を間伐して、選別した木が成熟した森林へと発展するよう促す。

森林の副産物

　木は木材やパルプのほかにも、生材からの抽出物やさまざまな材料が採れる。樹皮はボトルのコルク栓や皮をなめすために使われ、抽出液はニス、テレビン、オイル、タール、ゴム、ゴム加工品、ビタミン、ワックス、さらに食用シロップ、果実、繊維にも使える。また、形成された森林は多くの薬用植物の生育地にもなる。だから、こうしたユニークで再生可能な資源を保護するために、森林の価値を認め、適切な投資をおこなって、じゅうぶんに管理された自然林を発展させることが何よりも重要だ。

原材料

人工的な白樺の林

伐出、運材

この数世紀、地方では豊かな天然林の恩恵にあずかり、必要なだけ木を切り倒し、家屋の材料や燃料とし、空いた土地を農作に使い、また、森林を境界線の設定に利用してきた。現在ではほとんどの森林が森林企業、木材の製造と流通に関わる複合企業、それに政府機関によって経済ベースで管理されている。

チェーンソーを使って

チェーンソーは正しく使わないと危険な道具なので、つねに製造業者の指示にしたがって扱い、メンテナンスをおこなうこと。ヘルメット、防護ゴーグル、イヤープロテクター、厚い作業靴、丈夫な手袋が基本の安全備品として必要だ。防護服もお薦めだ。チェーンソーが突発的に滑ったときに身体を守ってくれる。チェーンソーの使用法講座を受けるのもいいだろう。

伐出の季節

伐出はある程度季節の限定される仕事で、森林の地理的な位置によって左右される。北アメリカ沿岸地域を例にとると、伐出は事実上、1年中おこなうことができる。乾燥する時期だけが例外で、この時期は高い確率で火災のおそれがあり、冬季には厳しい降雪の可能性もある。内陸部に位置する森林では、おもに冬から春遅くにかけておこなわれる。この時期ならば樹液が少なく、木の重量が比較的軽いからだ。

経済林の伐出方法

伝統的に木はチームを組んだ男たちが斧や手挽きのこで伐倒し、丸太は牛や蒸気機関車が運んでいた。伐出作業はいまなお多くの労働力を使っているが、現在では動力チェーンソーや可動式の伐採用具が木を切り倒すために使用されている。丸太は高性能ディーゼルエンジンの運搬用具で森林から運びだされ、あるいは伐採区域から収集場所へ移動するよう、あらかじめ設定されたケーブルで引っぱったり、つりあげたりする。それから丸太はトラックに積みこまれ輸送するか、流木として水に浮かべ製材工場へ運ばれる。

自分の木を伐倒する

伐採できる自分の森林を所有している木工作業者、あるいは私有地を利用できる人ならば、基本用具で伐倒することができる。しかしながら、伐倒は軽くとらえるべきではない。体力が要求され、注意深い準備が必要となる危険な作業だ。木が保護区にある場合や地元当局が保護条例を出している場合は、伐倒できないだろう。

商業目的の伐出。チェーンソーで木を切る

用具と器具

小さな木は手挽きのこで切ることができるが、チェーンソーがあれば仕事が楽になり、作業量を増やせる。チェーンソーはたいていの用具取扱店で購入可能であり、たまに使用するのであればレンタルでもいいだろう。電気、そしてガソリンを燃料とするチェーンソーもある。ガソリン使用のものは操作にかなりの柔軟性がある。家庭で使用するぶんには中型ののこでじゅうぶんだ。手斧や剪定用のこは地面近くの若枝や大枝を取りはらうために必要となるだろう。

最初の切込みを計画する

まずは木を倒したい方向に倒すことが大切だ。風向きや木の伸びている角度、あるいは重量や枝のバランス（刈りこんだほうがいい枝もある）を考慮に入れること。最初の切込みは木が倒れる方向に入れる。

受け口

木をくさび形に取りのぞけば、木を計画した方向へ倒しやすくなる。最初の切込みは45度の角度を目安に、木の直径およそ1/3深さまで上向きに入れる。2度目の切込みは地面と水平に、最初の切込みと結んで全体でくさび形となるように入れよう。

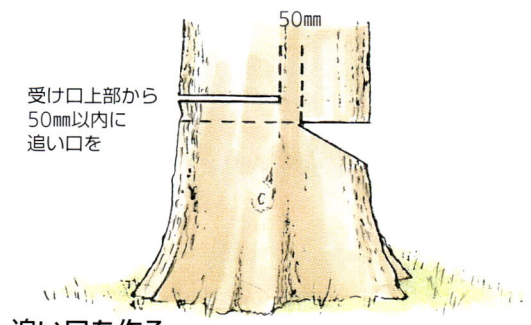

受け口上部から50mm以内に追い口を

追い口を作る

追い口で木は倒れる。受け口とは反対側に作り、受け口の上50mm以内、そして受け口まで50mmほどの位置で止め、切れていない木の部分を残すこと。この"蝶番"の役目を果たす"つる"の部分が倒れる方向をコントロールして幹の"はねかえり"を防いでくれる。太い木ではのこ身がはさまれることを防ぐため、追い口にくさびを打つことが必要な場合もある。

"蝶番"つるが倒れる方向を決め、"はねかえり"を防いでくれる

倒れてくる木を避ける

木が倒れはじめたらすぐにチェーンソーを止め、すみやかに地面に置いて木から離れること。

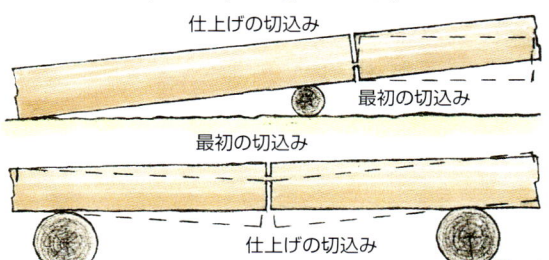

丸太にする

倒れた木はチェーンソーをもちいて枝を刈りこむ。この際、枝が跳ねかえらないよう注意すること。刈りこみの済んだ幹は次に丸太にする。すなわち扱いやすい長さに切るのだ。のこ身の詰まりを避けるために、2方向からの切込みを結ぶようにして――1つは上からもう1つは下から――のこ身の両側を使おう。最初のカットは丸太の直径約1/3に、のこ身が詰まりやすい面に入れる。これは丸太の支えかたによって上か下か変わる。仕上げの切込みは最初の切込みと合うように入れること。

現場の安全のために

- 用具や器具、伐倒区域の条件を徹底的に整えてから木を切り倒すこと。
- 濡れた状態で電気器具を使用しないこと。
- 作業区域での燃料オイルの取り扱いに注意すること。
- ペットを保護し子供や見物する人を作業場所から遠ざけること。
- 作業区域では足元から必要のないものを取りはらい、木材が倒れる位置を確保するために周辺の植物を刈りこんでおくこと。
- 安全なスペースに木が倒れるよう確実に。
- 腐朽木材を倒す際は慎重に。健康な木以上に倒れる方向が予想しづらい。

原材料

製材

　木が商品として使える大きさに生長するには長い年月がかかるが、現代の林業技術を使えば、マツのようなまっすぐに伸びた大木をものの数分で切り倒し、頭部を伐り剥皮することができる。手挽きのこを使い、丸太を板や角材に製材していた骨の折れる作業はいまではすたれた。現在の製材は高度に機械化された工程で、丸太はコンピュータ制御の帯のこや丸のこで板や角材に製材される。

製材品の種類

　イギリス・ヨーロッパにおいては、板目挽きは表面に出た木目が45度以下のものを指す。柾目板の板は表面に出た木目が45度以上となる。

　北米の板目挽きは表面の木目が30度以下。木目が30度〜60度で現れるものは追い柾目挽きと呼ばれている。この板はたまに放射組織の木目も見られるが、基本的に柾目が現れ、これはコムグレーンとも呼ばれる。

　本来、柾目挽きの板は半径方向に切削されたもので、年輪が表面に垂直に現れる。ただ、実際に流通している板では、60度以下の角度で年輪が現れるものも柾目挽きと定義している。

製材工場で丸太を製材品に

製材

　現代の機械加工で生産されるおもな製材品には、板目挽きと柾目挽きがある。板目挽きの板は年輪と正接するように挽かれ、装飾性の高いはっきりとした楕円形の木目が現れる。柾目挽きは通直木理が現れ、ときにオークのような広葉樹材ではリボンや"フレーク"のような杢が交差することもある。

　これらの方式には、それぞれ別名もある。板目挽き(プレインソーン)の木材はフラットソーン、フラットグレイン、スラッシュソーンとも呼ばれている。柾目挽き(クオーターソーン)には追い柾挽き(ソフトソーン)、コムグレーン、エッジグレーン、バーチカルグレインが含まれている。

幹と枝

　木の幹は経済的にもっとも価値ある部分である。比較的太い枝も丸太にされるが、不規則に生長した年輪をもつ枝やゆがんだ幹には通常"あて材"が生じる。この部分は安定性がなく、簡単に反りや割れが生じてしまうものだ。針葉樹材では年輪がおもに枝の下側で生長し、"圧縮あて材"となる。広葉樹材では、年輪はおもに枝の上側で生長し、これは"引張あて材"と呼ばれる。

　質のいい伐倒木は丸太にされ、地元の製材工場に運ばれて粗挽きされる。大径の高品質の広葉樹材は高い価値を持ち、通常は単板に加工される(88ページを参照)。剪定木、低品質の木、間伐木はたいてい木質ボードや紙製品に使われる。

上から下に
板目挽き、追い柾挽き、柾目挽き

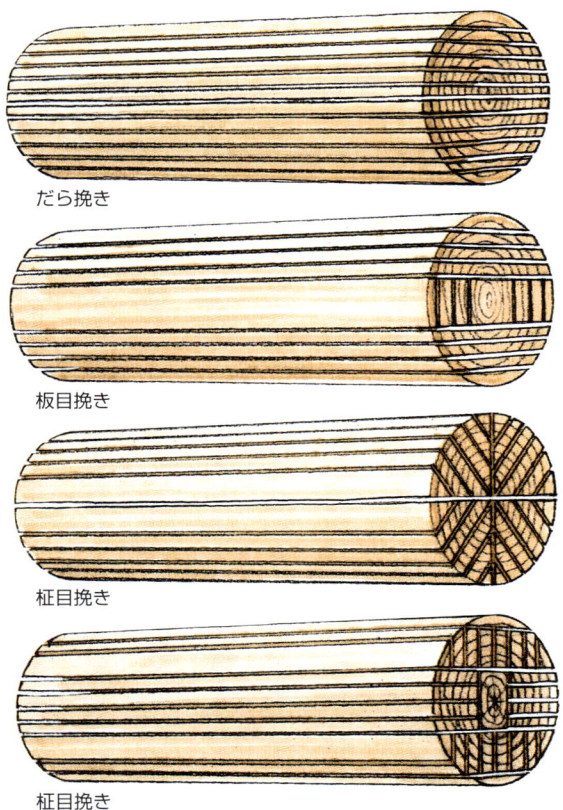

だら挽き

板目挽き

柾目挽き

柾目挽き

寸法安定性

木は乾燥すると縮むため、収縮が起こると板の形状が変化したり、収縮の"動き"をすることがある。一般的に、木は年輪の接線方向にはその直交方向よりも倍ほど縮む。接線方向に挽かれた板目挽きの板は幅方向のに強く縮むが、柾目挽きの板は幅方向にわずかに縮むだけで、厚みはほとんど変わらない。

収縮はまた板にゆがみも生じさせる。接線方向に挽かれた板目挽きの材では材のほぼ端から端まで同軸の年輪が走行し、内側と外側で長さが異なる。より長い外側の年輪が内側の年輪よりも大きく縮むため、板は幅方向にゆがみ"幅ぞり"することになる。直角断面の木材は平行四辺形になりやすく、丸いものは楕円になりやすい。

柾目挽きの板の年輪は両材面間を垂直に走り、長さが同じなので、ゆがみは生じにくい。この安定性ゆえに、柾目挽きの板が床材や家具製作にはまず選ばれることになる。

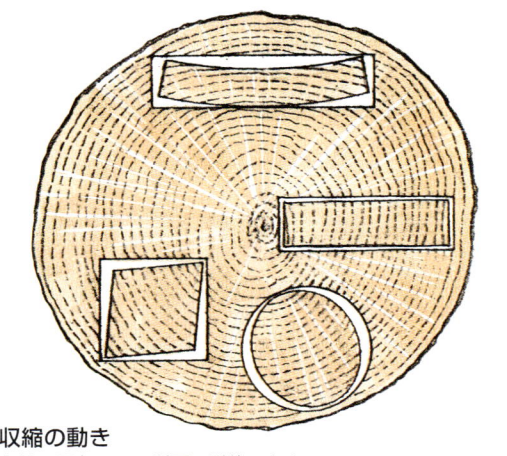

収縮の動き
年輪の配向によって断面の形状はさまざまに異なる。

だら挽き

製材品の安定性と木目は製材面と年輪との関係によって決まる。もっともむだのない製材方法はだら挽きだ。この方法では、丸太の長さ方向全体に水平に切削され、板目挽き、追い柾挽き、そして数は少なくなるが柾目挽きの木材がとれる。板目挽きの丸太は部分的にだら挽きされる。この部分は板目挽きと追い柾挽きが混在した材となる。

柾目挽き

柾目挽きの板を作る方法は何通りもある。理想的な方法は車輪のスポークが広がるように各板を放射状に平行に切るものだが、これでは売り物にならないむだな木材が出てしまう。広くおこなわれている方法は、丸太を4分割にして各材を板にするというものだ。市販の柾目挽き板では、まず丸太を厚く切ってから柾目挽きの木材にカットしていく。

柾目挽きの木材を選ぶ際は木口をたしかめること。材の表面に対して年輪がおよそ90°の材が選ばれるべきで、それは最も寸法安定性にすぐれる。材木商のすべてが買い手に自由に板を選ばせるわけではない。もし選べたとしても、追加料金がかかることだろう。

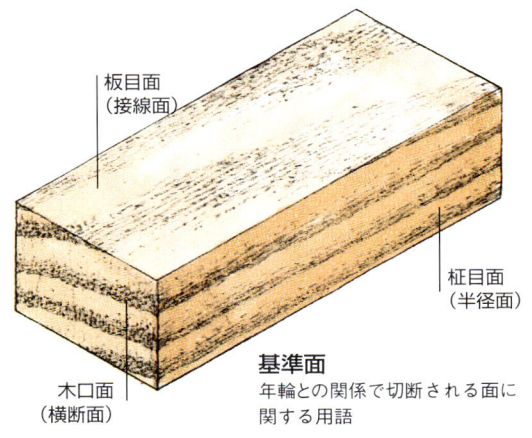

基準面
年輪との関係で切断される面に関する用語

自分で製材する

丸太から柱、板、小割板にしたり、"半加工品"や彫刻や挽物用の塊にできる。木材の流通業者は豊富な種類の寸法や形状の木材を販売しており、専門業者ならば、比較的高価なことが予想されるが、特殊な寸法や珍しい木材も扱っている。可搬製材装置が開発されたことで、熱心な木工作業者が自分の木を加工できるようになった。

可搬製材装置

個人用の可搬製材装置はチェーンソーか帯のこで駆動される。フレームを丸太の幅に伸ばし、片端あるいは両端についたモーターで動く刃で駆動する。大半の器具はガソリンを燃料にしたエンジンでチェーンソーを動かすものだが、軽めの丸太には電気で動くタイプの器具も使用できる。切込みの深さに応じてフレーム部分を調整し、刃を上げ下げできるようになっている。

可搬製材装置を使用する最大の利点は、丸太をその場で挽けることだ。この用具はどちらかといえば高価だが、新しい木材を買うために貯めていた資金もすぐに元が取れ、ほかの木工作業者に貸して副業にすることもできる。

製材方式

チェーンソーを使うものは縦挽き用の歯が装着される。これは繊維走行に沿って切るために作られた歯だ。パワーのあるものならば、大きな丸太も切ることができる。このタイプは繊維を切断する横挽きに使ってはならない。

帯のこはチェーンソーよりも薄い挽き道で切断できるため、むだな木材がでにくい。このモデルは1人で厚さにして3〜225mmの、幅にして500mmまでの板を製材できる。

木を求める

個人的に製材するための木は、開発計画のために皆伐される土地や、農場、果樹園、補修中のハイウェイ、あるいは地元の公園や広場にも見つけることができるだろう。こうした土地にある木には高い価値がないことが多く、安価で購入することが可能だ。無料の場合まである。供給源がどこであろうと、いい状態の木だけを使用すること。釘を始めとする金属片が内部に埋まっている可能性のある地域の丸太は、よほど特殊な木材になる見込みがある場合をのぞいて、使用しないように。

木材を製材したら、使用に供する前に乾燥させる必要がある（26ページを参照）。

チェーンソー使用の可搬製材装置で、最初の切断をおこなっている

丸太の準備

丸太は水平な地面に置き、作業することを常とする。すべての枝は最初にチェーンソーで取りはらっておこう。丸太は重いし転がりやすくなっている場合もあるので、作業中はつねに注意を怠らないように。丸太からでた余分な材は適当な長さにカットして端材にしたり、薪に使うこともできる。

安定させる

丸太が動かないようにしっかり固定することが先決だ。厚い断面を切りだす大きな丸太は、しっかりとくさびが入れば地面に置いて作業できる。重い丸太の取り扱いには、かぎてこを使用して通常2人が必要だ。軽めの丸太には架台やV型ブロックを使って支え固定することもできる。

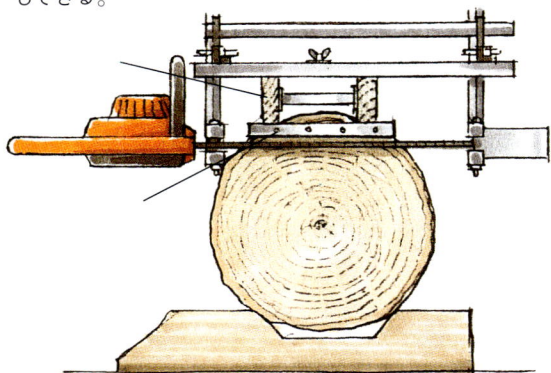

最初の切断

製材装置に附属の、あるいは必要に応じて自作する案内梁あるいは背板レールを、手斧かのこで表面の瘤を取りはらった丸太上部に固定する。このとき、水平になるように気をつけよう。切込みの深さは案内梁の固定装置でセットする。ここまで準備をしたら製材用のこを案内梁に沿って滑らせ、最初の切断、つまり"背板"を挽く。

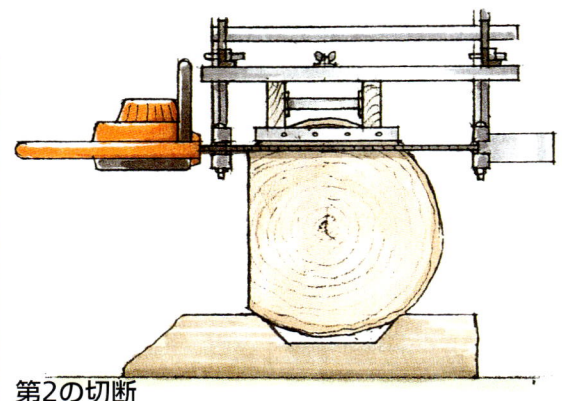

第2の切断

案内梁と切断された背板を取り除き、丸太を90度回転させる。それから案内梁をふたたびセットする。このとき、最初のカットと直角になるように。切込みの深さはおそらく第2の切断の前に再調整が必要だろう。最初の切断と同様に第2の切断が行われ、それから2枚目の背板に沿って案内梁を取り除く。

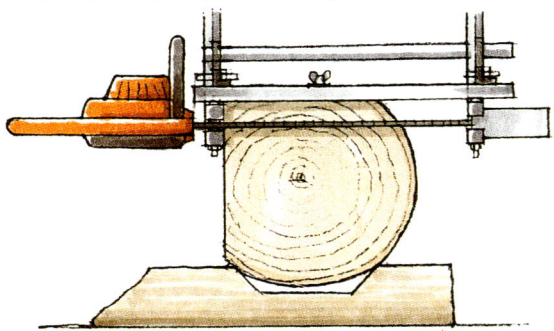

板挽き

切込みの深さは必要な板の厚さに応じてセットする。そのとき挽き材は木材の切断面に沿って動く製材装置のガイドレールによってなされる。この過程では片端だけが四角い板ができ、各板が切り取れるまで作業を繰りかえす。

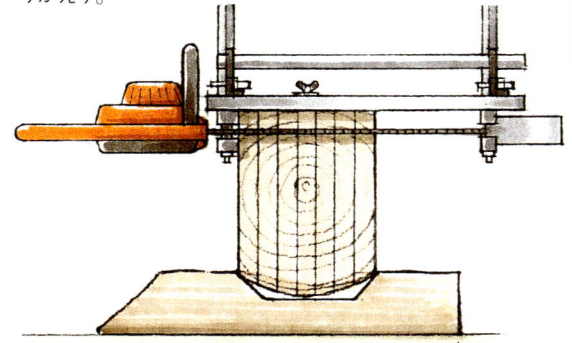

ディメンジョン・ランバー（寸法決めされた材）に挽く

丸太は最初に3方向から挽かれ、板になる。そこで板を面と面を合わせて密着させる。製材用のこをセットして、必要な幅と厚さの木材に挽いていこう。

原材料

木材乾燥

伐倒されたばかりの木や生材を乾燥させるとは、木を安定させるために自由水と細胞壁に含まれる結合水の多くを蒸発させることだ。この過程で木の性質が変化し、密度、硬さ、強度が増す。彫刻や椅子造りの場合は生材を利用して時間を節約し、大きな木材を使うこともできるが、家具製作や建具には乾燥材を使用するのが普通である。

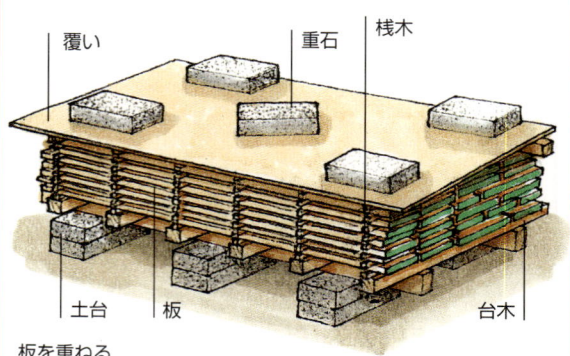

板を重ねる

水分を蒸発させる

伐倒されたばかりの木では、細胞壁が水で飽和状態で細胞の細胞内腔に自由水が含まれている。木が乾燥すると、自由水が細胞内腔から蒸発していくが、細胞壁には水分が残ったままとなる。これが繊維飽和点で、重量のおよそ30%（ただし、木の種類によって異なる）に水分が含まれた状態だ。

水分が細胞壁から失われると、収縮が始まる。木に含まれる水分量は周囲の湿度によって異なってくる。これが平衡含水率（EMC）として知られる状態だ。この状態になると木から水分は蒸発しなくなる。

乾燥は応力の発生を防ぎ、不均等な膨潤や収縮を防ぐために適当なEMCを保てるよう、適切におこなわなければならない

木を乾燥させる準備

丸太は冬に伐倒されるのが良い。樹液の含水率が低く、気候のおかげで菌類の侵入の心配が減り、乾燥期間が短縮される。だら挽きで挽かれた板は樹皮と辺材を残しておくこと。そうすることによって、外的要因から切断面を守り、急速乾燥、あるいは不均等な乾燥によって生じるくるいが減るからだ。

天然乾燥

この伝統的な方法では、桟積みされた板を換気のいい小屋や戸外に置き、桟積みされた板の隙間で生じる気流で自然に乾燥させる。板は均等に25mm厚さの"桟木"と呼ばれる隙間を開けるための正方形断面の棒に重ねていき、450mmあいだを開ける。広葉樹材ならば、25mm厚さの板で乾燥に約1年かかり、針葉樹材ならばそのおよそ半分の期間で済む。

天然乾燥によって、周辺の湿度に応じて水分量が14〜16%に減少する。内装材として使用するにはさらに乾燥が必要である。木材を乾燥室に入れるか、あるいは再桟積みしてその木材を使用する場所で自然に乾燥するよう放置するか、いずれかが必要となる。

桟積み

換気がよく、しかも強風や強い日射しやひどい雨にさらされない場所で桟積みすること（雨より日射しから守るほうがより重要である）。水平のコンクリートの土台か、植物の生えていないたいらな地面に重ねよう。建築用のブロックが強固な木材で作った台木を受けて支えるために使われてよい。

台木は桟木と同じ間隔で置く。それから板を水平に積みあげ、下の板ときっちり直線を揃え、桟積みすることで生じるくるいやゆがみを避けるようにする。耐水合板か類似の覆いを桟積みされた板に載せ、押さえる。排水がうまくいくよう斜めに置くとよい。板の両端には粘着性の高いシーラー（めばり）を塗り、急速な乾燥による割れから守る。

市販木材用の天然乾燥

桟積みされた板を大きな乾燥室に入れる

人工乾燥

　内装材に用いられる木材は、含水率を8〜10％、ときにはさらに落とす必要がある。人工乾燥の利点は、天然乾燥した状態からさらに含水率を減らすためにほんの数日か数週間で済むことだ。しかし、天然乾燥した木材の使用を好む木工作業者もいる。乾燥室で乾燥させると変色する木もある。たとえば、ブナは乾燥室で乾燥させるとピンクがかった色になる。

　桟積みされた板は台車に載せ、乾燥室まで運ぶ。そうして細心の注意を払って調整した熱い空気と蒸気が積んだ板に行き渡り、湿度が設定した含水率までしだいに減っていく。天然乾燥状態よりも乾いた木は、そのまま放置すると水分を取りこもうとするので、人工乾燥材は使用する環境で保管するのが一番だ。

コンパクトな家庭用乾燥室を準備する

自宅の乾燥室で乾燥させる

　作業の全工程を管理したい木工作業者ならば、自分で使用する木材を乾燥させるために乾燥室を購入するのもいいだろう。もっとも小型の"家庭用"セットが1.2×1.2×2.7mの寸法で、家庭用電源で熱風循環式のタイプを使用できる。温度と湿度は作業者のスケジュールにあわせて毎日電子的に制御できる。ファン式の電気ヒーターで温度を上げ、積みあげカート上の桟木に積んだ板に熱い空気を送り込む。木の水分が乾燥室内部で循環し、制御されて排出され、木材は傷むことなくゆっくりと乾燥していく。

含水率をチェックする

　木の含水率は炉で乾かした重量のパーセンテージで表される。伐倒して間もない木材（乾燥している板の端よりは中央から取ったほうが望ましい）の試片の重量と、炉で完全に乾かしたその試片の重量の差を比較して算出するのだ。元の重さから乾燥したものの重さを引けば、失われた水の重さがわかる。次の公式が含水率の計算に使われる。

$$\frac{試片から失われた水の重さ}{炉で乾かした試片の重さ} \times 100$$

含水率計

含水率計は含水率を測定できる簡単で便利な計器だ。写真の計器は湿った木の電気抵抗を測り、ただちに含水率を示すものだ。標準的な含水率計は2本の電極のピンがあり、これを木に差し込むタイプである。一方、ピンのない計器は電磁力を利用して、板の表面にあてた計器で18mm深さの水分が読みとれるものだ。ピンのないタイプなら木に跡を残すことがなく、仕上げ材のチェックにも使える。どちらのタイプを使うにしても、板がどこも同じように乾燥しているわけではないので、木のさまざまな箇所で含水率を確かめることが大切だ。

原材料

木材の選別

目的に合った木材の選別は通常、素材の見た目と物質的特性、加工性に基づいて決める。樹種を決めたら、品質と状態から板を選ぶ。複数使う場合は、できれば同じ木から採れた板をもちいたい。最近では仕上げの作業で最大のよさを引きだすために、木材は造材の段階から評価されている。

木材を購入する

木材販売店はもっとも一般的な針葉樹材を大工仕事や建具用にストックしているが多い。トウヒ、モミ、マツなどだ。こうした木材は切断面あるいは表面にかんなをかけた部分を標準的な寸法にカットした専門用語で"ディメンジョン・ランバー"や"ドレス・ストック"の状態で販売される。1面以上が滑らかに処理されたものだ。

ほとんどの広葉樹材は幅と長さがまちまちの状態で販売されているが、中にはディメンジョン・ランバーの商品として販売されるものもある。定型の木材は300mm単位で売られている。使っている販売店でのシステムをたしかめてみよう。メーター単位ではフィートよりも5mm短い。メーター、フィート、どちらを使うにしても、むだが出たり、使う部分を選ぶときのために、長めに見積もること。

必要な木材の量を計算する際は、かんなをかける過程で各木材の表面から少なくとも3mmが除かれることを頭に入れて、実際の幅と厚みは木材取扱店の"呼び寸法"あるいは"ゾーンサイズ"と表示されているより少なくなると考えておく。ただし、長さに関しては表示されているとおりと考えてよい。

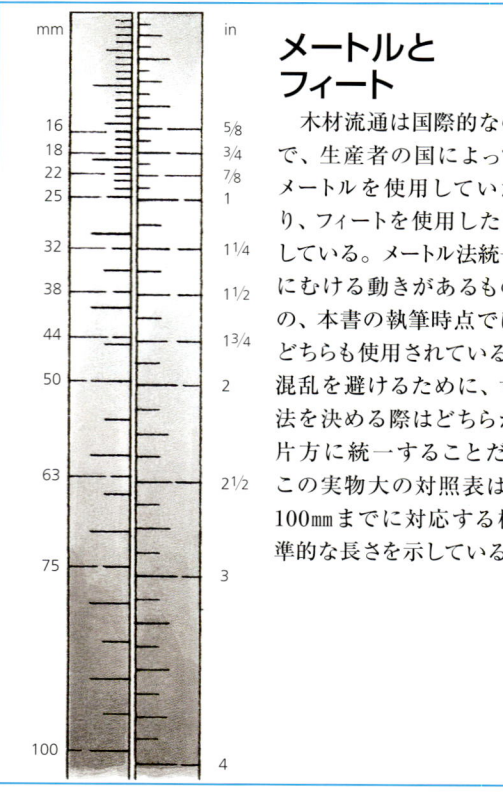

メートルとフィート

木材流通は国際的なので、生産者の国によってメートルを使用していたり、フィートを使用したりしている。メートル法統一にむける動きがあるものの、本書の執筆時点ではどちらも使用されている。混乱を避けるために、寸法を決める際はどちらか片方に統一することだ。この実物大の対照表は、100mmまでに対応する標準的な長さを示している。

木材の等級付け

針葉樹材は木目の規則性と、節のような容認できる欠点の数によって等級が決まる。一般的な木工作業では、強度等級でない"目視等級"ものがもっとも使いやすいだろう。強度等級された針葉樹材は強度が重要な建築構造用に評価される。"無欠点材"という用語は節や傷のない木材に使用されるが、指定しないかぎり通常は販売店で入手できるものではない。

広葉樹材は木材の欠点のない部分で等級が決まる。その部分が広ければ広いほど、高い等級となる。一般的な木工作業にもっとも適している等級は"1級"と"FAS"（1級と2級のあいだ）だ。

専門の会社が通販でも木材を販売しているが、現在のところ直接自分の目でたしかめて選ぶのが最善のようだ。木材を購入する際はかんなを持参し、ごく1部にあてて、色と木目が汚れやのこの跡で不鮮明になっていないかどうか確かめてもいい。

所要材料のリスト

リストは作品のあらゆる部材の仕上がりの長さ、幅、厚さを特定するために使用する。リストにはまた、必要な素材と量も記入しよう。リストを作成していけば、販売店側がもっとも経済的な方法で素材を供給してくれるし、木材を望みの寸法に製材しやすくする。

材木置き場で板を重ねる

木材の欠点

　木材が注意深く乾燥されていないと応力が生じ、作業しづらくなることがある。乾燥がじゅうぶんでないと、正確さを必要とする部分に収縮が生じたり、仕口が開いたり、ゆがんだり、割れたりする場合がある。割れ、節、不斉肌目のように見てわかる欠点がないかどうか、表面をたしかめよう。木口を見て、その木材が丸太からどう挽き材されたか判断し、くるいがないかどうか確かめる。ねじれや反りがないか、長手方向へまんべんなく目を光らせよう。桟積みしている間に水分が集まったり、桟木にはふさわしくない木材を使用したことで生じる染みがないか確かめよう。こうした染みは除去がむずかしいので桟木の跡を確認すること。さらに、害虫被害の形跡や菌類の発生の跡がないかどうかも探しておこう。

1　表面割れ
通常、放射組織に沿って見られる。表面が急激に乾燥することによって起こる。

2　木口割れ
こうした割れはよくある欠点で、むきだしの木口が急激に乾燥したことによって生じる。重ねた板の木口には防水製のシーラーを塗れば防げる。

3　内部割れ
これは内部が乾燥する前に板の外部がさきに乾燥して固定された場合に起こる。内部は外部より収縮するので、内部の繊維が裂けてしまうためだ。

4　裂け
木材の構造が裂けるのは、生長過程できずができたか、収縮による応力が原因だ。目廻りは年輪同士のあいだが裂けるものだ。

5　弓ぞり、そり
これは板の積み方が不適切なときに起こる。乾燥が不十分だと木目が荒れたり応力が生じる。あて材も、切削や乾燥の段階でねじれたりしがちである。

6　死に節、抜け節
枯れた枝の根本が新たな年輪にかこまれたまま残ったもの。節をかこむ木材は木目が不規則になり、加工しづらい。

7　入り皮
木材の見た目を損ない、構造を弱めてしまうことがある。

木材の特性

多くの木工作品で、加工する材料を選ぶ際は木目、色、肌目がもっとも重要視されている。どんな要素も等しく重要ではあるが、強度や用途は二の次になることが多い。さらに単板をもちいる際は見た目がすべてである。

木材加工は発見と学習の連続だ。どの木材も世界に1つしかなく、同じ木、同じ板からとった木材でさえ異なっていて、木工作業者の技術が要求される。木材を加工し、その働きを身をもって経験して初めて、木材の特性をじゅうぶんに理解することができる。

木目

木材の細胞構造の集まりが、木材の軸を中心に木目を構成している。縦方向の細胞の配列と方向がさまざまに異なる木目を生みだす。

まっすぐに生長した木は同じように通直木理の木材となる。細胞が軸方向からずれると、交走木理の木材となる。旋回木理は木の生長過程でねじれが生じてできたもの。こうしてねじれた生長がある角度から別の角度へと変化すると、いずれの変化も年輪に影響をおよぼして、その結果、交錯杢理となる。波状杢は短い波のように不規則に湾曲した木目で、うねる細胞構造をもつ木に生じる。荒れ木目は木材全体で細胞が方向を変えたもの。こうした不規則な木目の木材は扱いづらい可能性が高い。

規則性がない波状杢は、表面に対する角度や細胞構造の明るい色味によって木材にさまざまな模様を作りだす。こうした形状をもつ板はとくに単板では価値がある。

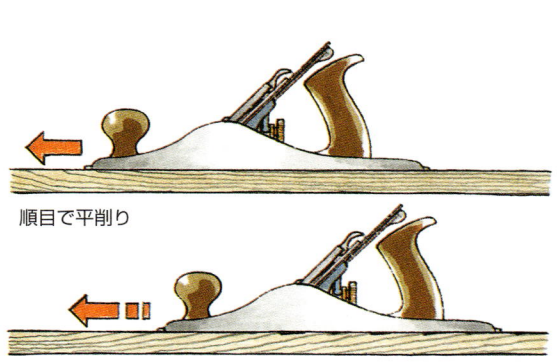

順目で平削り

逆目で平削り

加工方法との関係

"順目で"平削りするとは、削る方向と繊維が平行、あるいは勾配がのぼる方向へ切削することだ。こうすると滑らかで問題が生じることもなくかんなをかけることができる。"逆目で"平削りするとは、削る方向へ繊維の勾配が下っていく方向へ切削することを言う。こうすると粗い面ができる。繊維方向にのこを挽く（縦挽き）とは、木材の軸方向に沿って鋸挽きすることで、縦方向の繊維に沿うという意味だ。繊維を切断してのこを挽く（横挽き）、あるいはかんなをかけるとは、木目に対してほぼ垂直となる切削を指している。

杢

"木目"という用語は木材の見た目を表現するためにも使われる。しかしながら、本来指しているのは自然の特徴のくみ合わせで、総称が杢として知られるものだ。ここで言う特徴には、早材と晩材での生長のちがい、色の広がり方、密度、年輪の同心性、あるいは偏心性、病害やきずの影響、木材がどのように製材されたかが含まれる。

杢を利用する

木を接線方向挽きにした板目挽きの板にはU字型の模様が現れる。幹を半径方向切削に、つまり柾目挽きでカットすると、平行線の連なりはあまり目立った模様にならないのが普通だ。

幹と枝の交わる部分はクロッチ杢となり、単板用に人気がある。根こぶは木に傷がついて異常生長したもので、単板に使用される。ろくろ細工にはよく知られた木材で、根元部分や根から作った根株材の規則性のない木目が特徴だ。

肌目、木理

肌目とは木材の細胞の相対的な大きさで表現されるものだ。細かな肌目の木材は小さく詰まった細胞をもち、一方、粗い肌目の木材は比較的大きな細胞をもっている。肌目はまた、年輪と関連した細胞の配置を指すこともある。早材と晩材のちがいが顕著な木材では、不均等な肌目が生まれ、年輪があまりはっきりしていない木材だけが均等な肌目となる。

オークやアッシュといった粗い肌目の木材は、生長の遅い時期には細かな細胞をもつ傾向があり、生長の早い時期に比べると軽く柔らかくなる傾向もある。早生樹は通常、比較的はっきりした木目で、より硬くより強く、重たくなる。

肌目の影響

早材と晩材の肌目の差は、木工作業者にとって大切だ。より軽い早材のほうが、密度の高い晩材より切削がらくである。切削工具の刃をつねに鋭く保っていれば、問題は最小限に押さえられるだろう。もっとも、晩材も電動サンダーで仕上げをしてやれば、早材にと同様にとりあつかわれる。肌目の均等な年輪をもつ木材は、概して加工も仕上げももっとも容易となる。

広葉樹材の多孔性

広葉樹材の細胞配置は木材の肌目に著しい影響をもつことがある。オークやアッシュのように"環孔材"である広葉樹材は、早材にはっきりとした大きな道管があり、晩材には密度の高い繊維と細胞組織をもつ。こうした木材は、ブナのように道管と繊維が比較的等しく並んでいる"散孔材"に比べると、仕上げがむずかしくなる。マホガニーのような木材は散孔材になるが、細胞が大きめであるため肌目は粗くなることが多い。

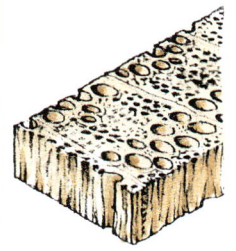

環孔材

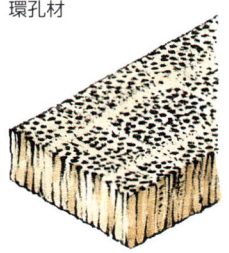

散孔材

耐久性

耐久性とは、木材を土と接触させている地際の品質で評価される。腐朽しやすい木材は5年もたず、とても耐久力のあるものは25年以上もつ。同じ種類の木材でも、さらされている程度や天候条件によって耐久性は異なることがある。

植物学的分類

世界の針葉樹材と広葉樹材の項目(44～53、56～82ページを参照)では、各木材を属と種の植物学的分類にしたがってアルファベット順に並べた。この分類上の名前（学名）は、もっとも一般的に使われている流通上の名前の下に斜体で示してある。

学名は、木材の種類を正確に確定できるただ1つの世界共通の名だ。販売店のカタログや、本書でも使用しているように参考文献には、"sp."や"spp."といった文字が広く使用されており、これはその木材は属、または"科"でいくつも種類がある中の1つであることを示している。

肌目と模様
（左列上から下へ、次に右列上から下へ）
柾目（シトカスプルース）、波状木目（フィドルバックシカモア）、
U字型模様（ブラックウッド）、根こぶ（エルム）、
細かな肌目（ライム）、旋回木理（サテンウッド）、
荒れ木目（イエローバーチ）、クロッチ杢（ウォルナット）、
根元部分材（アッシュ）、粗い肌目（スイートチェストナット）

蒸煮曲げ加工

　カーブ状に曲げて構造的強度と装飾性の両者を引きだしたときほど、木材の万能ぶりを発揮できる機会は他にないだろう。薄く切られた木材は前処理をしなくても柔らかな曲線に曲げることができる。曲線をさらにきつくしたり、より厚い木材を使用する際は、最小限の蒸煮設備、成型ジグ、帯鉄が必要だ。蒸気で木材の繊維が柔らかくなり、成型ジグにあてて曲げて押しつけることが可能になる。次に帯鉄で外側の繊維を抑制し、割れを防ぐ。

木材の準備

　曲げ加工の下準備のあるなし、部材の寸法と形にかかわらず、木材はつねに加工の前には約100mm長めに切っておくこと。こうしておけば、両端部の割れや帯鉄での圧縮によるきずが生じても、曲げのあとにその部分を取り除くことができる。

　なめらかに仕上がった木材は曲げ加工が終わっても裂けが起こりにくくなり、最終の仕上げがずっと簡単になる。生材は乾燥させた木材より収縮が激しい。曲げの前に円形断面に施削されていた生材は乾燥して楕円になることがある。

1　よい曲木
ブナを曲げたもの。
傷は見えない。

2　よくない曲木
カウブラを曲げたもの。
圧縮によるきずが生じている。

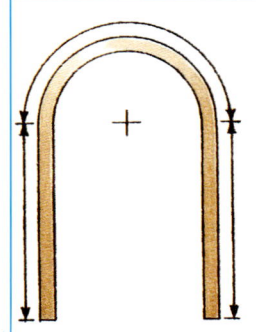

長さを計算する

最終的に必要な形状を実物大で描き、外周を測って木材の長さとする。木材の内側の繊維は縮み、内側の曲率はさらに小さくなる。

帯鉄

　帯鉄は厚さ1.5mmのしなやかな柔らかい鋼で作ること。曲げる木材より幅広にしておこう。メッキをした鉄かステンレスならば化学物質によるよごれを防げる。あるいは帯鉄にポリエチレンを巻いてもいいだろう。これなら緩衝材にもなる。広葉樹材か金属のストッパーで木材の端を保持し、曲線の外側へ伸びたり、割れたりすることを防ぐ。木材の端を支えられるだけの強く大きなものにすること。

　ストッパーからストッパーまでの距離は、余裕部分も含めて曲げる木材の長さと一致するように。帯鉄にはストッパーのボルトを取りつけるために印をつけ、ドリルで穴をあける。広葉樹材で作ったレバーを帯鉄の背面にストッパーボルトで取りつけ、帯鉄と曲木成型ジグにあてた蒸煮済みの木材をさらに曲げやすくする。

木材を選ぶ

　曲げる際には木材に少しでも傷があると弱さの原因となるため、節や裂けのない通直な繊維の木材だけを使うこと。切りたての生材は曲げやすく、天然乾燥した木材は人工乾燥木材より扱いやすい。蒸煮前の数時間、乾燥した取り扱いのむずかしい木は水に浸しておくことが望ましい。

　44〜53ページ、そして56〜82ページの木材リストでは、とくに蒸煮曲げ加工にむいている木は特記してあり、その他の処理可能な木材についてもその旨記してある。しかしながら、曲木は科学というより経験に基づくことが多いから、傷のない木材はもちろん、多少傷のあるものでも、そこそこ使えることだろう。

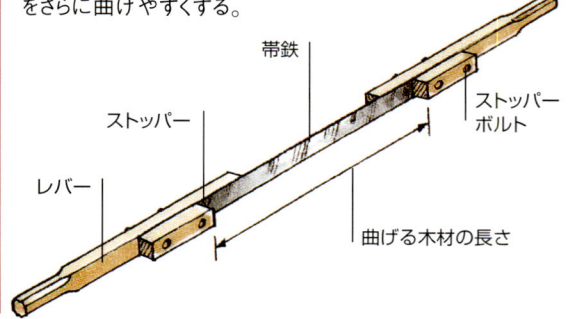

成型ジグを作る

成型ジグは蒸煮した木材を最終的な形に整え、軟化した内側繊維を支える。最低でも曲げる木材と同じ幅が必要で、帯鉄と加工品を押さえるクランプの余裕も組み込んでおくこと。成型ジグの形は、曲げる木材がクランプをはずした際にスプリングバックする量に応じて決める。これは通常、実際に試してみて割りだす。太い木材、積層合板、成型合板パネルやフレームかジグに使われ、木質ボードのベースの上にすえられる。

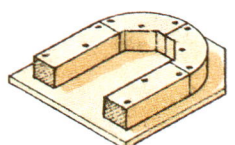
むく材の成型ジグ

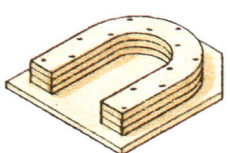
合板の成型ジグ

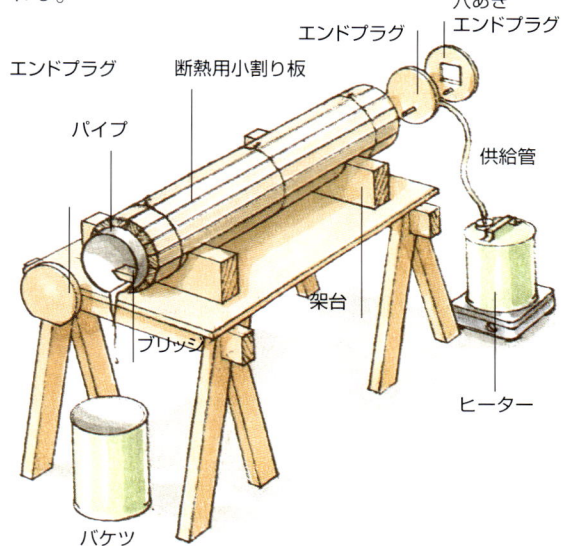

蒸煮設備を作る

ある程度の大きさの金属かプラスチックのパイプならば、小さな木材や、長めの木材でも1部のみを曲げればよいものに使用できる。外装用合板で作った取り外し可能なエンドプラグは、両端に押しこんで使用する。エンドプラグの1つには蒸気の供給管用に穴のあいたものがあり、換気と排水用の穴が他端の底部に平らに削られる。穴あきエンドプラグがあれば長めの木材も中に通すことができる。木製のブリッジはパイプの中に取りつけ、短めの木材が底につかないように使用する。

パイプを断熱するために、発泡スチロールか小割り板が金属線でしばられる。支持用の架台はパイプがかすかに傾くように設置し、蒸気が水となってバケツに流れでるようにする。

あるいは、簡単に接着剤とねじで作る箱形の蒸気設備を、外装用合板で作ってもよい。このタイプの設備は作品にちょうどよい寸法に作ることができるため、木材を蒸煮するには最適な方法となる。

蒸気の発生

蒸気は小型の電気蒸気発生器を利用するか、あるいは中型の金属缶に取り外し可能なキャップかプラグをつけたものを自作してもいい。ポータブルのガスバーナーか電気式のホットプレートで熱することが可能だ。短いホースの片端を缶にはんだづけした注ぎ口にぴったりと取りつけ、もう片方の端は蒸煮設備のエンドプラグに取りつける。絶えず蒸気を供給するには、金属缶の半分を満たした水を沸騰させる。

目安として、木材の厚さ25mm対して1時間の割合で蒸煮するようにする。木材を設備内に長時間置いたままにすると木材の構造が破壊されることがあり、長く蒸煮したからといって曲げ品質がかならずしもよくなるわけではない。

曲げの準備

蒸煮した木材はほんの数分でふたたび冷え固まるので、事前にすべてを準備してから曲げ加工に取りかかろう。金属の帯鉄はかならず温めておき、接触させた木材が冷めないようにする。クランプをじゅうぶんな数だけ揃えておくことも必要不可欠だ。ぶ厚い材料を曲げる際は、友人に協力を頼むのもいい。

木材を曲げる

蒸気発生器を止め、蒸煮設備から木材を取りだして、あらかじめ温めておいたストラップに取りつける。これを成型ジグにセットし、あて板を帯鉄とクランプにあいだにはさみ、中央でクランプを締めつける。木材を成型ジグに沿って曲げた後、必要なところにあて板を使ってしっかりとクランプで固定していく。木材はジグにつけたまま放冷するか、あるいは15分間後にとり外し乾燥用のジグにふたたびクランプ留めする。木材が完全に乾燥するまで1週間ほどかかるだろう。

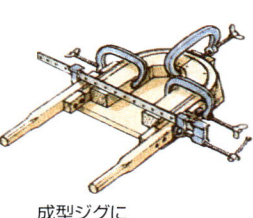
成型ジグにクランプ留めする

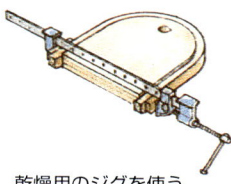
乾燥用のジグを使う

原材料

積層材を曲げる

曲げるには蒸気と熱を必要とするむく材と異なり、積層用の薄片（ラミナ）や単板は、1つあるいは複数の成型ジグを使って乾いた状態で曲げ、強固な形状に貼りあわせることができる。各板の繊維に過度な力がかからないため、積層材は蒸煮したむく材よりもずっとしっかりと、さらに複雑なカーブへと曲げることが可能だ。

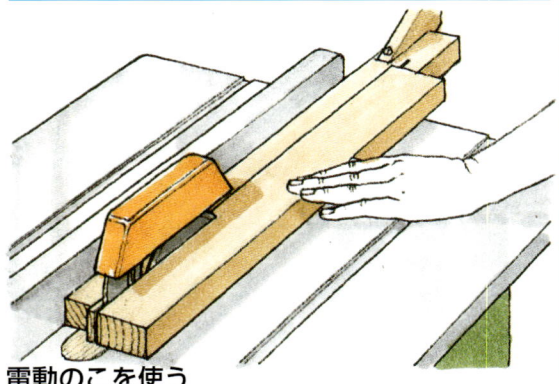

ラミナの厚さ

単板かむく材からとった薄い木片（ラミナ）はきつく曲げることが可能で、曲げても反発しづらい性質をもつ。ラミナにすると、挽道幅が切断ごとに木材をむだにするため、扱える範囲で極力厚いラミナにするほうが経済的だ。ラミナの厚さを変えてみると、どの厚さがもっとも曲げやすいか試してみることができる。

比較的厚いラミナを使用する際、あるいはきつい角度に曲げる際は、接着する前に湿らせて適切な成型ジグにセットし乾燥させてから曲げるとよい。

ブナ積層材の椅子

電動のこを使う

手挽きのこで木材をラミナに切断する際は、板のかんなをかけた側をフェンスにあてて、必要な幅よりごくわずかに厚く切断する。新たに切った板の面にかんなをかけ、この作業をくりかえす。ラミナは自動一面かんな盤を通して仕上げる。

丸のこ盤を利用してラミナに切断することもできるが、のこは詰まったり、切断する木材を割ったり、跳ね返ったりすることさえある。ごく薄いラミナを切断する際は、材端でガイド棒をフェンスに沿わせた板に押し当てよう。のこ身と刃口金のあいだには広い隙間があくことのないよう注意が必要だ。

木材を選ぶ

市販の"構造用"単板を貼りあわせて芯材に使い、表面には規則性のない木目で装飾性の高い単板を貼りあわせて、テーブルや椅子の脚を作ることができる。むく材で自作する際は、柾目で節や割れのない木材を選ぶ。蒸気で曲げるには、天然乾燥させた木材のほうが人工乾燥木材より好ましい。これはくるいにくく容易に曲げることができるからだ。

十分に薄く切削されていれば、たいていの木材は積層材に使用できる。44〜53ページと56〜82ページで蒸煮曲げ加工に勧めている木材は、もっとも曲げやすい木材という意味合いで勧めている。

木材を薄く切削する

むらのない木目をまちがいなく出すには、むく材を積層用の板にするのが最適だ。柾目挽きの板がこの目的にはもっともかなっている。年輪が各板の幅方向に横切ることになり、曲げやすくなるからだ。板に切断する前に、図のように表面か木口にV字型のガイドラインを入れておき、貼りつける際に正しく並べる目安にしよう。

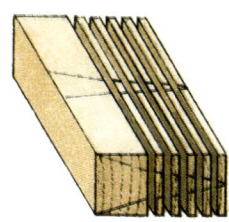

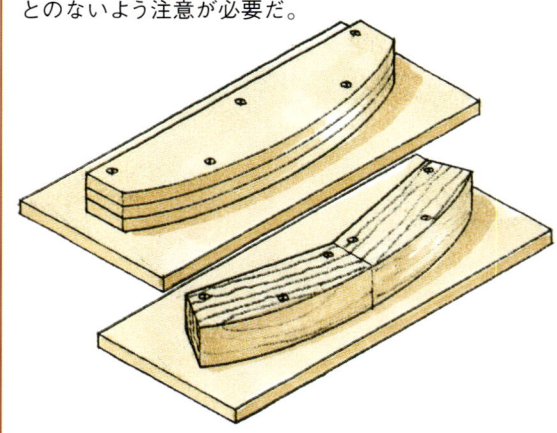

パーティクルボードの成型ジグ（上）むく材の成型ジグ（下）

成型ジグ

　接着剤で貼りあわせたラミナを、"雄型"1つあるいは組みになった"雄型"と"雌型"の成型ジグにあて成型するまでクランプで留める。

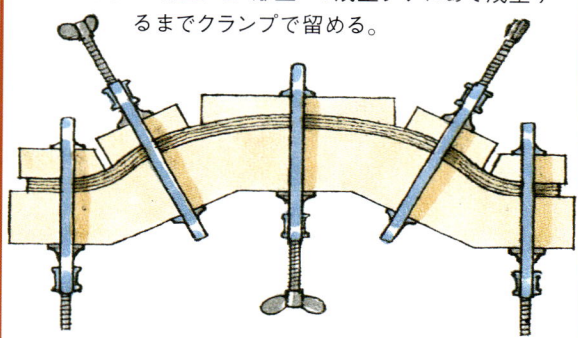

単独の成型ジグを作る

　むく材か成層パーティクルボードの表面に外郭のマーキングをして、帯のこで切断する。成型面は扱うラミナよりも長くすること。クランプは成型ジグの表面に対して直角に取りつけることが望ましいので、成型ジグの裏は表面の外郭とできるだけ同じ大きさになるように。

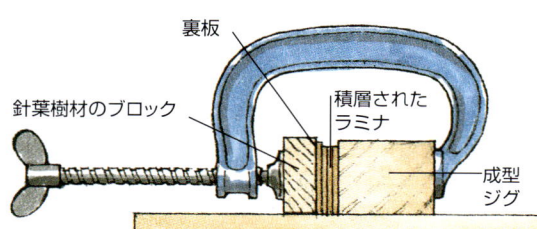

積層材を保護する

　表面の層のへこみは、余った板かワックスをかけたハードボードで覆えば避けることができる。また、クランプの頭の下に針葉樹材のブロックをあてることで、クランプの荷重を均等に拡散することが可能だ。

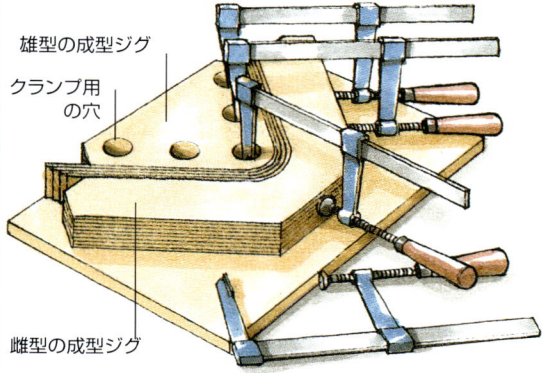

対になった成型ジグを作る

　対になった雄型と雌型の成型ジグで、成型木材へ均等に圧力をかけることができる。雄型の成型ジグにドリルであけた穴にいくつものクランプを射し込んで、固定する。どちらの成型ジグも、むく材でも成層木質ボードでも作ることができる。

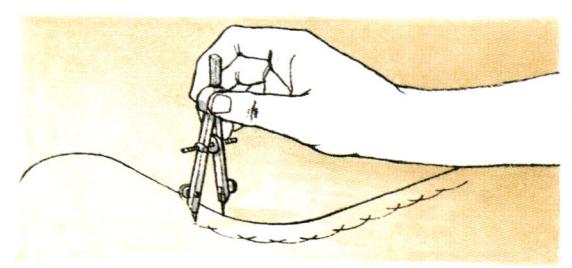

成型ジグの外郭を作る

　雄型・雌型成型ジグの外郭は、平行な2本のラインを切断して作る。1本の切断線で雄型・雌型両方の外郭を作ろうとしても、うまくいかない。正確な幅で平行なラインを作るには、貼りつける木材あるいは単板板をクランプで合わせ、厚さを測って決める。湾曲部の外径と内径をコンパスでなぞって印をつけ、切断する。

　任意の形状や規則性のない曲げの場合は、さらにちょっとした作業が必要だ。成型ジグに外郭のラインを1本マーキングし、2本のコンパスを使って積層材の厚みと等しい幅の曲線を描く。2本目の外郭のラインは各曲線の山と重なるように。

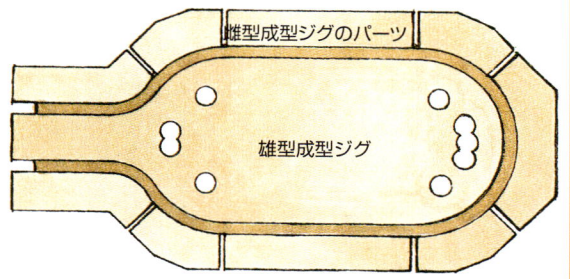

複数の成型ジグ

　1つ、あるいは対の成型ジグがあれば、ほとんどの積層材を曲げる作業は可能だ。しかしながら、形を作るために雄型の成型ジグに切り込みを入れる必要がある場合、雌型の成型ジグを複数のパーツに分離して、積層材の構成とそれをはずす作業を楽にすることがある。

接着

　積層材に最適な接着剤はユリアホルムアルデヒド接着剤だ。ゆっくり固まる性質があるので、ラミナを思ったとおりに貼りあわせる時間が生まれるし、酢酸ビニル樹脂エマルジョン接着剤（PVA）よりもクリープしにくい。均等に各ラミナの表面に接着剤をブラシで塗布する。それからラミナを裏側から重ねていく。重ねた板は単体の成型ジグか対になった成型ジグにセットし、クランプで留める。まず中央から始め、外側へとクランプを留めていき、接着剤と空気が排出される程度に均等な圧力をかけていく。糊つきのテープなら、雄型・雌型成型ジグ間に幅広の積層材を保持できる。

木材の万能性

木材の用途には際限がないように思える。私たちの日常生活にあまりにもなじんでいるために、あって当然のように感じることも多く、価値を認識することはめったにない。木材の多様性は数々の特性とあいまって、木工作業者に幅広い選択肢を約束している。しかしながら、木材の驚異はその便利さや種類の豊富さにあるのではない。ごく単純な工具さえあれば作業できる点こそが、あらゆる素材の中でもっとも使用される地位に木材を押しあげてきたのだ。

刃のある道具を発明したときから、人類は木材の形を変えることができるようになり、環境を向上させてきた。あらゆる文化史に目を転じさえすれば、木製の美術品や構造物の数々が目にできる。合成素材の開発、機械化の進歩、木製品の工業化においてさえ、この素材はもっとも望ましい天然素材から作った製品に対する決して尽きることのない要求に応えるため、伝統的な方法によって加工されてきた。

蓋つきの壺
菌に蝕まれたために生じる斑入りの木材は、信じがたいほど芸術性の高い模様のおかげで挽物作業者から高く評価されている。写真の例では、黒い"帯線"と木材を貫くようなまだらの色合いが世界に1つしかない不規則なデザインを生みだし、挽物作業者たちに讃美されている。

船のフレーム
オークは伝統的な建物建築と造船にむかしから使用されてきた。この巨大なカーブを描いたオークのフレームは、探検家ジョン・カボットの船"マタイ号"のレプリカを造るためのキールに合わせてある。オリジナルの船は1497年に大西洋を横断した。

原材料

"アザラシのテーブル"
"偶然見つかった"ヨーロピアンシカモアの丸太。その天然の色と肌目が写真の愉快なアザラシの彫刻に変身した。この木材はまた水面を表している透明なガラステーブルの土台にもなっている。

ウィンザーチェア
むかしから施削された脚、蒸気で曲げた背枠、くぼみをつけた固い座面で製作されてきた伝統的なウィンザーチェアは、椅子製作者の芸術の典型的な例である。地域別にさまざまなスタイルがあり、アッシュ、エルム、ユー、ビーチ、バーチ、メープル、ポプラといったその土地で採れる木材を使用したこの椅子は、オリジナルあるいは複製品として、世界中の家庭で見ることができる。

瘤のボウル
瘤の部分は挽物作業者に好まれる材料だ。この目典型的な例では、自然の曲線とニレの瘤の肌目が、施削させながらトーチで燃やした部分によって強調されている。丸く刻まれた溝や、なめらかな内部の表面が肌目のコントラストを生んでいる。

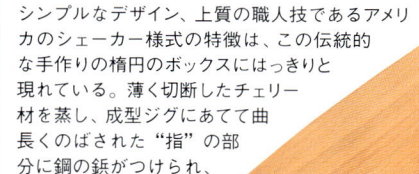

シェーカーボックス
シンプルなデザイン、上質の職人技であるアメリカのシェーカー様式の特徴は、この伝統的な手作りの楕円のボックスにはっきりと現れている。薄く切断したチェリー材を蒸し、成型ジグにあてて曲長くのばされた"指"の部分に鋼の鋲がつけられ、蓋や本体にピン留めされる。

37

原材料

木の敵

木は再生できる資源ではあるが、生物劣化もする。日光、水、生物学的媒体が連携して樹木を維持しているが、いったん切り倒されると、森に残った木に対してこうした生命維持のための要素が劣化の引き金となる。そして生命を生み出し腐植土と次世代の木々や植物のための空間を作るために、木材を昆虫による分解とあわせて崩壊させていく。

光の影響

木材は強い光に反応し、しだいに変色する。暗い色調の木材には色が白くなるものもあり、一方、白っぽい木材が黒くなることもある。透明の仕上げ材で保護していてもこの反応が起こることさえあるのだ。木材自体は痛まないが、長年光にさらされてきた古い家具にはいわゆる古つやが出て、人気となる。処理をしていない木材は外に出したままにしておくと、灰色がかってくる。木材に天然の耐久力が備わっているか、あるいは目止め材やそれなりの処理がなされていなければ、表面のひび割れが発生して、全体の傷みに通じることもある。

菌類

菌はたとえば木のような植物から養分をとる生命体の単純な形態だ。寄生し、生きている宿主を利用するものもあり、一方、腐生植物で死んだ木から有機的な養分を抽出するものもある。

菌の胞子は、理想的な湿度のレベルにある飼料に存在して生長する。含水率が20％を下回る乾燥した木材には発生しない。極端な低温、あるいは高温の気温、あるいは飽和状態の木にも発生しない。さまざまな条件に調整しあるいは除去することで感染を防ぐことはできるが、胞子は不活性のまま残存することができる。

胞子は湿った木材に着地すると生長を始め、菌糸体を形づくろうと枝状の細糸を伸ばす。そして密生して表面を覆ったり、あるいは木材に侵入して養分を吸いだす。

菌類の侵入

菌の中には、青変菌や辺材変色菌のように、おもに広葉樹材の辺材を侵すものがあり、こうした菌は丸太や挽いた木材の変色の原因となる。乾燥や抗かび剤を使った処理で、感染を防げるだろう。

細胞構造を侵す菌は木材を脆弱にしたり腐らせたりと、深刻な事態を引き起こすものの、木工作業者は菌に感染したカエデやブナといった色の薄い木材を挽物に使用して、菌類の侵入を逆手に取ってきた。こうした"斑入りの木材"は、黒い線と変色した木材の模様をもっており、これは菌に感染したことによって現れるものだ。同様に、カンゾウタケがオークに感染すると、豊かな茶色の色が現れる。この木材は最適な模様が現れるときを見計らって作業に使うこと。砕けやすくなったり、作業に使えなくなるまで放置して劣化させないように。

木材に侵入し破壊する菌は、乾燥菌や湿潤菌れとして知られる。細胞構造に侵入し、木材の組織を破壊し、黒ずみ、収縮、割れを生じさせバラバラの破片にしてしまう。湿潤菌は湿度の高い木材に発生し、屋外だけでなく室内でも症状が進む。乾燥菌は感染した木材が脱水・乾燥状態になることから名づけられたもので、とくに家の柱において破壊的だ。日当たりと換気の悪い場所にある湿った木材に発生し、細管によって水が吸収されて感染されていく。感染した部分は切り落として焼却しなければならない。周囲にも感染のおそれがあり、原因となったじめじめした環境にも対処が必要だ。

虫害

いつどんなときでも、木材が虫害にあう不安はある。木に穴をあける昆虫は、広葉樹材にとっても針葉樹材にとっても脅威だ。この仲間でもっとも一般的な昆虫はキクイムシである。積まれた木材や家屋の構造材、また家具や処理をしていない木材、合板抽斗の底や背板がもっとも狙われやすい。メスは木材の隙間に卵を産む。これが幼虫となって、気づかれないままその木材でひそかに活動し、内部で木材を食い荒らして欠点となる穴をあける。羽化の際に、小さな脱出口──虫害で最初に目につく徴候──から成虫が現れ、同じプロセスが繰りかえされる。黒ずんだ穴は古い脱出を示すもので、新しい穴には細かい木屑がその周辺に付着しているので、害虫が活動中だと判断できる。対処法としては防虫剤で幼虫を駆除し、さらなる脱出や感染を防ぐ。

木材にはびこる害虫としては、ほかにシバンムシとカミキリムシがいる。おもに家屋の木材を襲い、キクイムシよりも大きな脱出口を開ける。あまり見られない害虫ではあるが、深刻な被害をもたらすこともあるので、脱出口を見つけたら適切な地元の公的機関に届け出よう。

Chapter 2　世界の木材

一般的な木材は慣れさえしたら、木目、色、肌目、においで種類を特定することができる。しかし、めずらしい木材はプロでも特定がかなりむずかしいものだ。本章では一般の流通経路で世界中から入手できる木材を幅広く選び、図解している。

WOODS OF THE WORLD

掲載順について
木材は種属にしたがい、植物学的分類名（学名）のアルファベット順に並べた。見出しの下に、市販品に使われる代表的な木材名を小さな字で掲載している。その他の地方での呼び名等については、本文冒頭に記している。

原材料

木の分布

　木の分布は、基本的に主たる気候条件によって決まる。雨量、季節ごとの気温、湿度、日光、風、すべてが作用する。なかでも、とくに気温はもっとも重大な要素で、その場所で育つ木の種類や、そもそもその種類が生き残ることができるかどうかを決定するものである。つまり、土地固有の地理的環境によって左右されるのだ。標高の低い土地でよく育つ種類がかならずしも同じ緯度の高地で育つわけではなく、南の高地で育つ種類がもっと寒い北の地方の低い土地に適することもありえる。同様に、東西の海上あるいは大陸の気候が、南北のちがいと同じく影響することもある。季節、そして自然の条件にくわえて、土壌の状態や、その土地の造林事情、産業や都市部の開発の程度といった要素も、木の生長には大きく影響する。本章の世界地図に、市販の木材として産出されるおもだった針葉樹材と広葉樹材の分布を図解している（43と55ページを参照）。

原材料

世界の木材産出地域
　世界で流通している針葉樹材のおもな生産地域は北半球だ。落葉性の広葉樹材は北半球の穏やかな気候で育ち、常緑の広葉樹は熱帯と南半球で育つ。

針葉樹
ほとんどの針葉樹は一本幹の形状によって容易にそれとわかる。単一で背が高くまっすぐな幹に、横方向についた小さな枝が特徴だ。

一本幹型（ポンデローサパイン）

広葉樹
ほとんどの広葉樹は樹枝状の形状になることが多い。分岐した幹がさらに分岐する形状だ。

樹枝型（イエローポプラ）

地元のオークを製材する
イギリス南部バークシャーにて、伝統的な2人で手挽きのこを挽く技術を使い、17.5mのオーク角材を切りだしている。この角材はこれから中世風の道具を使い、クリストファー・コロンブスの船サンタマリア号のレプリカのキールに形づくられる。

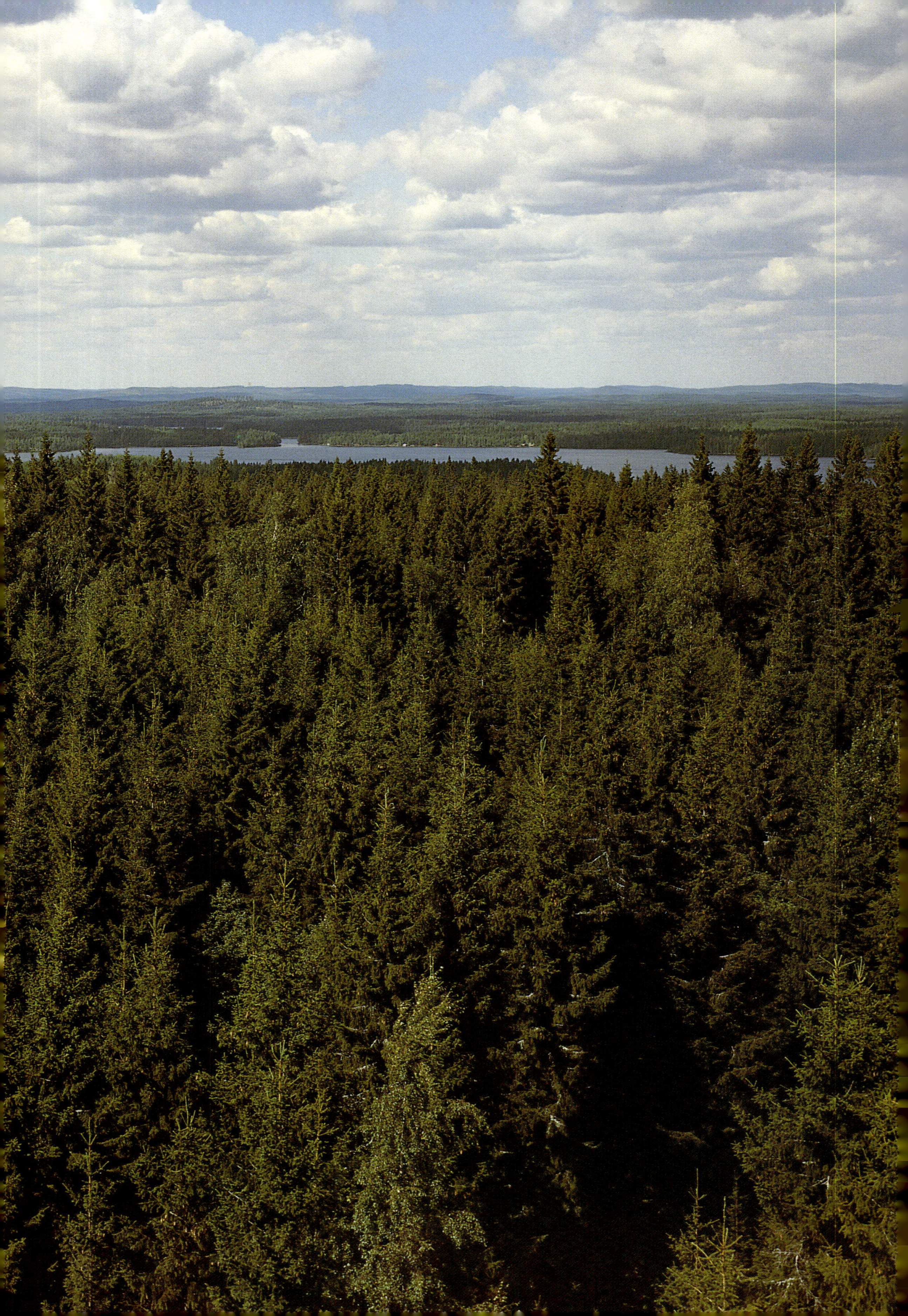

世界の針葉樹材

針葉樹の材は球果をつける。種がむきだしで、植物学上では裸子植物に属する木だ。これは科学的な分類で、純粋に物質的な特徴を指すならば、針葉樹材の別名"軟材"という呼び名がそのままあてはまる。

板に加工すると、針葉樹材は薄いベージュから赤みがかった茶色までの比較的薄い色で見分けられる。他の特徴としては、早材と晩材で色や密度が変化することで形成される木目がある(13ページを参照)。

イエローパイン　カラマツ　フープパイン　パラナパイン

球果をつける木

球果をつける木はたいてい背が高く、先端のとがった輪郭と表現されるが、すべての球果植物にあてはまるわけではない。ほとんどは常緑性で、幅の狭い針状の葉をつける。

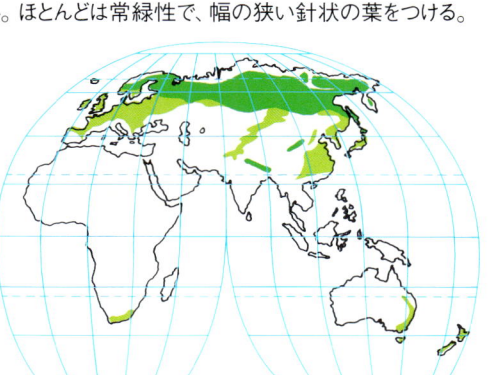

世界で針葉樹材を生産する地域

世界で流通する針葉樹材の大部分は、北半球の国々で生産される。ヨーロッパ、北アメリカの北極圏、亜北極圏から、アメリカ合衆国の南東まで分布している。

針葉樹の分布
● 針葉樹林
● 針葉樹と落葉広葉樹が混在する森林

針葉樹材を買う

地元の製材所では、地元の木材を丸ごと板に挽いたものを販売していることだろう。端を切り落としていない樹皮のついた丸みのある端まで残っていることもある。対照的に、輸入された板は通常、剥皮し、角材にして流通する。針葉樹材は一般に、挽板かすでにかんなをかけた状態で販売される。かんなをかけたものはPAR(全面かんながけ)あるいは、PBS(両面かんながけ)と表現されてることもある。かんなをかける作業で少なくとも3mmは各面から削られるので、実際の寸法は材木商の呼び寸法より小さくなる。

四角い端

丸みのある端

針葉樹の栽培

接ぎ木、交配、計画的な授粉、これが早生樹である針葉樹に現在使用される方法の1部だ。針葉樹材は広葉樹材より安く、建築構造、挽物、製紙、ファイバーボードに使用される。

針葉樹材

シルバーファー
Abies alba

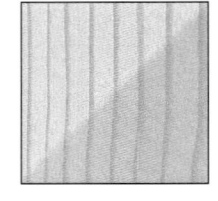

別名：ホワイトウッド
原産地：南ヨーロッパ、中央ヨーロッパ
木の特徴：まっすぐで細い木。高さは約40m。直径1m。生長過程で下の枝は枯れていく。
木材の特徴：ノルウェースプルースに似た、ほとんど色味がなくごく薄いクリーム色。柾目で細かな肌目。しかし、節ができやすく耐久性はない。外装使用には、保護剤の処置が必要。
一般的な用途：建築構造、建具、合板、箱もの、柱
作業性：取り扱いは容易。手動あるいは電動工具を使用してたいへんなめらかに仕上げられる。接着剤の吸収はよい。
仕上げ：ステイン、ペンキ、ワニスが容易に使用できる。
乾燥時平均重量：480kg/m³

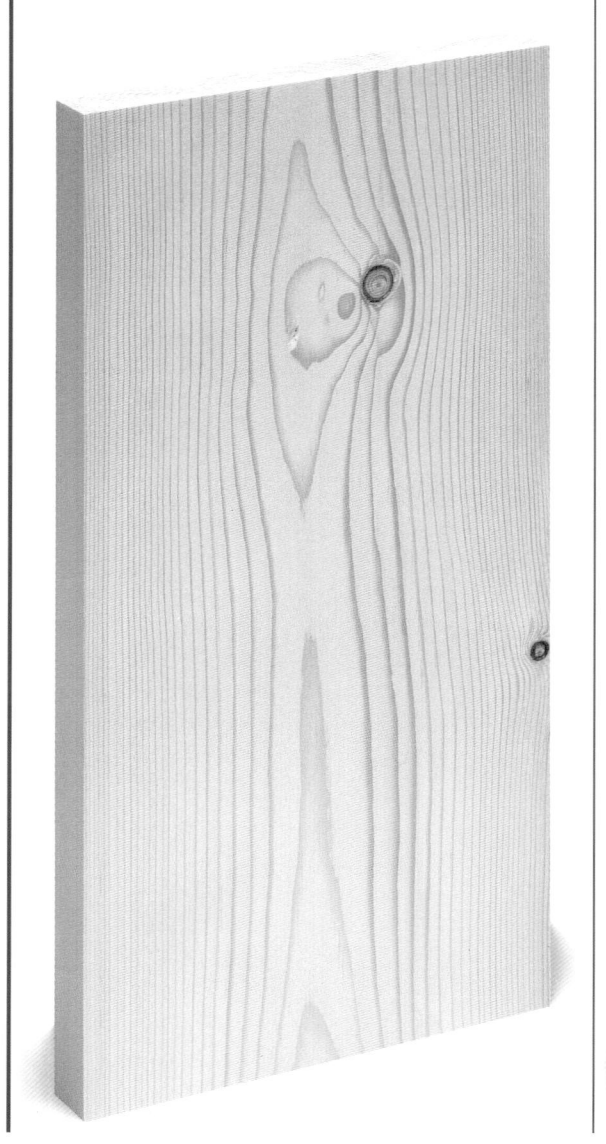

クイーンズランドカウリ
Agathis spp.

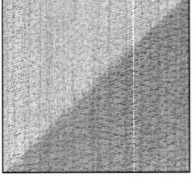

別名：ノースクイーンズランドカウリ、サウスクイーンズランドカウリ
原産地：オーストラリア
木の特徴：45m以上、直径1.5mに生長するが、過剰な伐採によって大型の木の欠乏につながった。中型サイズがもっとも一般的。
木材の特徴：柾目、耐久性はない。色はごく薄いクリームがかった茶からピンクがかった茶。細かで均等な肌目。つやのある表面。
一般的な用途：建具、家具
作業性：取り扱いはたやすい。手動あるいは電動工具を使用して細かでなめらかな仕上げが得られる。接着剤の吸収はよい。
仕上げ：ステイン、ペンキと相性がいい。つや出しすると素晴らしい仕上がりとなる。
乾燥時平均重量：480kg/m³

パラナパイン
Araucaria angustifolia

別名：ブラジリアンパイン（アメリカ）

原産地：ブラジル、アルゼンチン、パラグアイ

木の特徴：高さ36mに達することもある。先端はひらたく群葉する。長くまっすぐな幹は直径1mほどになる。

木材の特徴：通常は節のない木材で、年輪はほとんど目につかない。均等な肌目で柾目。耐久性はない。じゅうぶんに乾燥させて板が大きく反らないようにすること。心材の中心は焦げ茶色で、明るい赤の縞が入ることが多く、他の部分は薄茶色。

一般的な用途：建具、家具、合板、挽物

作業性：取り扱いの楽な木材で、手動あるいは電動工具を使用してなめらかな仕上がりが得られる。接着剤の吸収はよい。

仕上げ：ペンキ、ステイン、つや出しと相性がいい。

乾燥時平均重量：550kg/m³

フープパイン
Araucaria cunninghamii

別名：クイーンズランドパイン

原産地：オーストラリア、パプアニューギニア

木の特徴：背が高く品のある木。細い枝の先に群葉。平均高さ30mほど。直径は約1m。

木材の特徴：万能の木材だが、耐久性はない。通直な木理、細かな肌目。心材は黄色がかった茶色で、広い辺材は薄茶色。

一般的な用途：建築構造、建具、家具、ひな形、挽物、合板

作業性：細かな節周辺での木目割れを避けるよう刃先を鋭く保っていれば、手動あるいは電動工具を使用して容易に扱える。接着剤の吸収はよい。

仕上げ：ペンキ、ステインに相性がいい。つや出しですばらしい仕上がりが得られる。

乾燥時平均重量：560kg/m³

針葉樹材

針葉樹材

レバノンスギ
Cedrus libani

別名：トルゥーシーダー
原産地：中東
木の特徴：樹林草原に生えているものは大きく低い枝をもち、はっきりしたひらたい群葉を枝先につける。高さ約40m、直径約1.5m。
木材の特徴：香り高い木材は軟らかく、多少不安定だが耐久性がある。通直な木理で、早材と晩材のコントラストがはっきりしていることが多い。中程度に細やかな肌目の心材は薄茶色。
一般的な用途：建築構造、建具。家具、外装材。
作業性：手動あるいは電動工具を使用して容易に扱え、研削がけも容易だが、節の扱いはむずかしいことがある。
仕上げ：ペンキとステインに相性がいい。つや出しでとても細かな仕上がりが得られる。
乾燥時平均重量：560kg/m³

イエローシーダー
Chamaecyparis nootkatensis

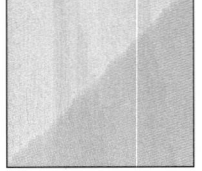

別名：アラスカイエローシーダー、パシフィックコーストイエローシーダー
原産地：北アメリカ太平洋沿岸
木の特徴：品のある円錐形の木で、生長が遅く高さ30m、直径約1mまで生長する。
木材の特徴：耐久性のある、ごく薄い黄色で、柾目、均等な肌目。乾燥すると比較的軽く、固く、安定性がありとても強度がある。摩擦に強く、腐れに強い。
一般的な用途：家具、単板、高級建具、ドア、窓、フローリング、化粧パネルとモールディング、造船、オール、パドル
作業性：カットしやすく、接着剤の吸収はよい。
仕上げ：ペンキとステインに相性がいい。つや出しすればとても細かな仕上がりが得られる。
乾燥時平均重量：500kg/m³

リームー
Dacrydium cupressinum

別名：レッドパイン
原産地：ニュージーランド
木の特徴：背が高くまっすぐ生長する。高さ36m。美しくまっすぐな長い幹は直径2.5mまで達する。
木材の特徴：そこそこ耐久性があり、木理は通直、細かで均等な肌目。ごく薄い黄色の辺材から、赤みがかった茶色の心材へと色が濃くなっていく。ややあいまいな杢の色で、茶色と黄色の縞が混じりとけあっている。日光にさらすと色が褪める。
一般的な用途：内装家具、化粧単板、挽物、パネリング、合板
作業性：手動あるいは電動工具を使用しての作業はしやすく、かんながけで細かな肌目が得られる。なめらかに仕上げることができる。接着剤の吸収はよい。
仕上げ：ステインで満足いく仕上がりが得られる。ペンキやつや出しの仕上がりもよい。
乾燥時平均重量：530kg/m³

カラマツ
Larix deciduas

別名：なし
原産地：ヨーロッパ、とくに山間の地域
木の特徴：もっとも強い針葉樹材の1つ。高さ約45mまで生長し、まっすぐな円柱状の幹は直径約1m。冬には葉を落とす。
木材の特徴：樹脂が多く、木理は通直、一様ではない肌目、戸外での使用に比較的耐久性あり。しかし、乾燥過程で固い節が落ち、鋭い縁が丸くなる可能性あり。辺材は狭く淡い色、心材はオレンジがかった赤。
一般的な用途：船用の厚板、坑道の支柱、階段などの建具、フローリング、ドア、窓枠、柱、フェンス
作業性：手動あるいは電動工具を使用しての作業は比較的容易。研削も容易だが、固い晩材の木目は表面に残ることだろう。
仕上げ：ペンキとニスで満足いく仕上がりが得られる。
乾燥時平均重量：590kg/m³

針葉樹材

針葉樹材

ノルウェースプルース
Picea abies

別名：ヨーロピアンホワイトウッド、ヨーロピアンプルース、ホワイトウッド

原産地：ヨーロッパ

木の特徴：挽材生産に重要な木。平均高さ36mだが、好ましい環境では60mに達することもある。若木は伝統的なクリスマスツリーとなる。

木材の特徴：耐久性のない光沢のある木材。通直木理、均等な肌目。白に近い辺材とごく薄い黄色がかった茶色の心材。強度の点ではヨーロピアンレッドウッドに似ているが、年輪がそれほどはっきりしていない。

一般的な用途：内装建築構造、フローリング、箱もの、合板。生長の遅い木はピアノの共鳴板、ヴァイオリンの表板

作業性：手動あるいは電動工具を使用はたやすく、きれいにカットできる。接着剤の吸収はよい。

仕上げ：ステインと相性がよく、ペンキやニスでも満足のいく仕上がりが得られる。

乾燥時平均重量：450kg/m³

シトカスプルース
Picea sitchensis

別名：シルバースプルース

原産地：カナダ、アメリカ合衆国、イギリス

木の特徴：広く植栽されている木。高さは87m、張り出した幹は5mにまで達することがあるが、ほとんどの早生樹はもっと小型だ。

木材の特徴：耐久性がなく、通常は通直木理、均等な肌目、クリーム色がかった白い辺材、かすかにピンクがかった心材。蒸気で曲げることができ、比較的軽く強度があり、弾力性に富む。

一般的な用途：建築構造、内装建具、航空機、グライダー、造船、楽器、合板

作業性：早材のめくれを防ぐよう刃先を鋭く保っていれば、手動あるいは電動工具を使用して容易に扱える。接着剤の吸収はよい。

仕上げ：ステインと相性よし。ペンキとニスでも満足のいく仕上がりが得られる。

乾燥時平均重量：450kg/m³

シュガーパイン
Pinus lambertiana

別名：カリフォルニアシュガーパイン
原産地：アメリカ合衆国
木の特徴：通常高さ45m、直径1mに達する。
木材の特徴：均等な木目、比較的柔らかく、中質の肌目。耐久性はない。辺材は白く、心材はごく薄い茶色から赤みがかった茶色。
一般的な用途：軽い建築構造、建具
作業性：柔らかいため、刃先を鋭く保ってめくれを防ぐことが必要。ただ、他の点にカンしては、手動あるいは電動工具を使用して扱いやすい。接着剤の吸収はよい。
仕上げ：ステイン、ペンキ、ニス、つや出しで満足いく仕上がりが得られる。
乾燥時平均重量：420kg/m³

ウエスタンホワイトパイン
Pinus monticola

別名：アイダホホワイトパイン
原産地：アメリカ合衆国、カナダ
木の特徴：平均高さ37m、まっすぐな幹の直径は約1m。
木材の特徴：木目は通直、均等な肌目、耐久性はない。早材、晩材ともにごく薄い黄色から赤みがかかった茶色。樹脂道の細い線が現れる。多くの点でイエローパインに似ているが、より強固で収縮がわずかに多い。
一般的な用途：建築構造、ドア、窓、モールディングの幅木などの建具。造船。ビルトイン家具。ひな形。合板
作業性：手動あるいは電動工具を使用して容易に扱える。接着剤の吸収はよい。
仕上げ：ペンキ、ニスと相性がよく、つや出しでもよい仕上がりとなる。
乾燥時平均重量：450kg/m³

針葉樹材

ポンデローサパイン
Pinus ponderosa

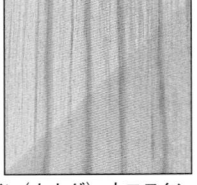

別名：ブリティッシュコロンビアンソフトパイン（カナダ）、ウエスタンイエローパイン、カリフォルニアホワイトパイン（アメリカ合衆国）

原産地：アメリカ合衆国、カナダ

木の特徴：高さ70m、一律にまっすぐな幹は約750mmに達する。広がった円錐状の樹冠。

木材の特徴：耐久性はなく、節が多い。樹脂道が細く濃い線となって板の表面に現れる。幅広のごく薄い黄色の辺材は柔らかく均等な肌目。心材は樹脂が多く重く、濃い黄色から赤みがかった茶色。

一般的な用途：辺材はひな形、ドア、家具、挽物。心材は建具、建築構造。

作業性：辺材、心材ともに、手動あるいは電動工具を使用して扱いやすいが、かんながけの際は節が問題となるだろう。接着剤の吸収はよい。

仕上げ：ペンキとニスで満足のいく仕上がりが得られるが、樹脂の多い木材は仕上げの前にシーラーが必要。

乾燥時平均重量：480kg/m³

イエローパイン
Pinus strobes

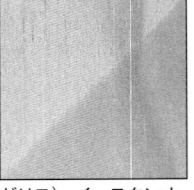

別名：ケベックパイン、ウェイマスパイン（イギリス）、イースタンホワイトパイン、ノーザンホワイトパイン（アメリカ合衆国）

原産地：アメリカ合衆国、カナダ

木の特徴：高さ約30m、直径約1mに達する。

木材の特徴：柔らかく弱く、耐久性のない木材だが、安定性がある。木理は通直、細かく均等なな肌目。細い樹脂道とぼやけた年輪が特徴。色はごく薄い黄色からごく薄い茶色まで。

一般的な用途：高級建具、軽建築構造、家具、土木、ひな形、彫刻

作業性：刃先を鋭く保っていれば、手動あるいは電動工具を使用して容易に扱える。接着剤の吸収はよい。

仕上げ：ステイン、ペンキ、ニス、つや出しと相性よし。

乾燥時平均重量：420kg/m³

ヨーロピアン レッドウッド
Pinus sylvestris

別名：スコッツパイン、スカンジナビアンレッドウッド、ロシアンレッドウッド

原産地：ヨーロッパ、北部アジア

木の特徴：高さ30m、直径1mに達する。若木は円錐状の形だが、生長すると樹冠はたいらになる。

木材の特徴：樹脂の多い木材だが、安定性があり、強い。処理をしなければ耐久性はない。辺材は薄い白みがかった黄色で、心材は黄みがかった茶色から赤みがかった茶色。薄い早材と赤みがかった晩材とではっきりした木目が現れる。薄い色の部分は、時とともに柔らかみを帯びてくる。

一般的な用途：建築構造、内装建具、挽物、合板、節のない木材を選んで家具に。

作業性：節と樹脂が問題になることもあるが、手動あるいは電動工具を使用して扱いやすい材。接着剤の吸収はよい。

仕上げ：ステインでじゅうぶんに仕上げられるが、樹脂と晩材の部分は手こずることがある。ペンキ、ニスと相性よし。つや出しでもよい仕上げとなる。

乾燥時平均重量：510kg/m³

ダグラスファー
Pseudotsuga menziesii

別名：ブリティッシュコロンビアンパイン、オレゴンパイン

原産地：カナダ、アメリカ合衆国西武、イギリス

木の特徴：平均高さ約60mだが、90mに達する木もある。森林で生長した木の幹は直径2mに達し、その高さでは枝はほとんど見られない。

木材の特徴：通直な木理、赤みがかった茶色。比較的耐久性あり。早材と晩材のはっきりした木目があり、節のない大型の材木が採れる。

一般的な用途：建具、合板、建築構造。

作業性：刃先を鋭く保っていれば、手動あるいは電動工具を使用して扱いやすい。接着剤の吸収はよい。なめらかに仕上げられるが、晩材は研削の跡が表面に残るだろう。

仕上げ：晩材はステインをはじくことがある。早材は比較的なじむ。どちらの材もペンキとニスでは満足のいく仕上がりが得られる。

乾燥時平均重量：510kg/m³

針葉樹材

セコイア
Sequoia sempervirens

別名：カリフォルニアレッドウッド

原産地：アメリカ合衆国

木の特徴：堂々としたまっすぐな木で高さ約100mに達する。短く垂れ下がった枝をつける張り出した幹は直径4.5mを超える。際だつ赤い裂け目の入った樹皮は厚さ300mm以上になることもある。

木材の特徴：比較的柔らかいにもかかわらず耐久性があり、外装使用に適している。柾目、赤みがかった茶色。肌目は細かなものから、かなり粗いものまで多岐に渡る。早材と晩材のあいだにはっきりしたコントラストが生まれる。

一般的な用途：外装仕上げ材、こけら板、内装建具、棺、柱

作業性：切断面に沿った割れを避けるために刃先を鋭く保っていれば、手動あるいは電動工具を使用して扱いやすい。接着剤の吸収はよい。

仕上げ：やすりがけによく、ペンキと相性がよい。つや出しでもよい仕上がりとなる。

乾燥時平均重量：420kg/m³

ユー
Taxus baccata

別名：コモンユー、ヨーロピアンユー

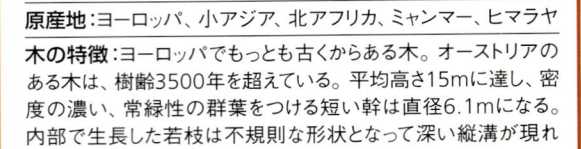

原産地：ヨーロッパ、小アジア、北アフリカ、ミャンマー、ヒマラヤ

木の特徴：ヨーロッパでもっとも古くからある木。オーストリアのある木は、樹齢3500年を超えている。平均高さ15mに達し、密度の濃い、常緑性の群葉をつける短い幹は直径6.1mになる。内部で生長した若枝は不規則な形状となって深い縦溝が現れる。

木材の特徴：強固で耐久性がある。年輪が装飾的で、オレンジがかった赤の心材とくっきりした明るい色の辺材で、穴や小さな節、入り皮のある不規則な形の板も割合に見られる。蒸煮曲げ加工に適している。

一般的な用途：家具、彫刻、内装建具、単板。とくに挽物に適している。

作業性：柾目は手動あるいは電動工具を使用してなめらかに仕上げられるが、不規則な木目の木材では、割れが生じることもあり、扱いづらい。油分の多い性質なので、接着には配慮が必要。

仕上げ：ステインで満足いく仕上がりが得られる。つや出しですばらしい仕上がりとなる。

乾燥時平均重量：670kg/m³

ウエスタン レッドシーダー
Thuja plicata

別名：ジャイアントアーバーバイタ（アメリカ合衆国）、レッドシーダー（カナダ）、ブリシッシュコロンビアレッドシーダー（イギリス）

原産地：アメリカ合衆国、カナダ、イギリス、ニュージーランド

木の特徴：大きな円錐状の形で、うっそうとした群葉をつける。高さ75m、直径2.5m。

木材の特徴：比較的柔らかくもろいが、樹脂がなく香りのよい木材で耐久性がある。風雨に長くさらすと、赤みがかった茶色は銀色がかった灰色に褪せる。木理は通直で肌目は粗い。

一般的な用途：建具、こけら板、外装の板張り、建築構造、家具、外装仕上げ、デッキ、室内パネリング

作業性：手動あるいは電動工具を使用してたやすく扱える。接着剤の吸収はよい。

仕上げ：ペンキとニスで楽によい仕上がりとなる。

乾燥時平均重量：370kg/m³

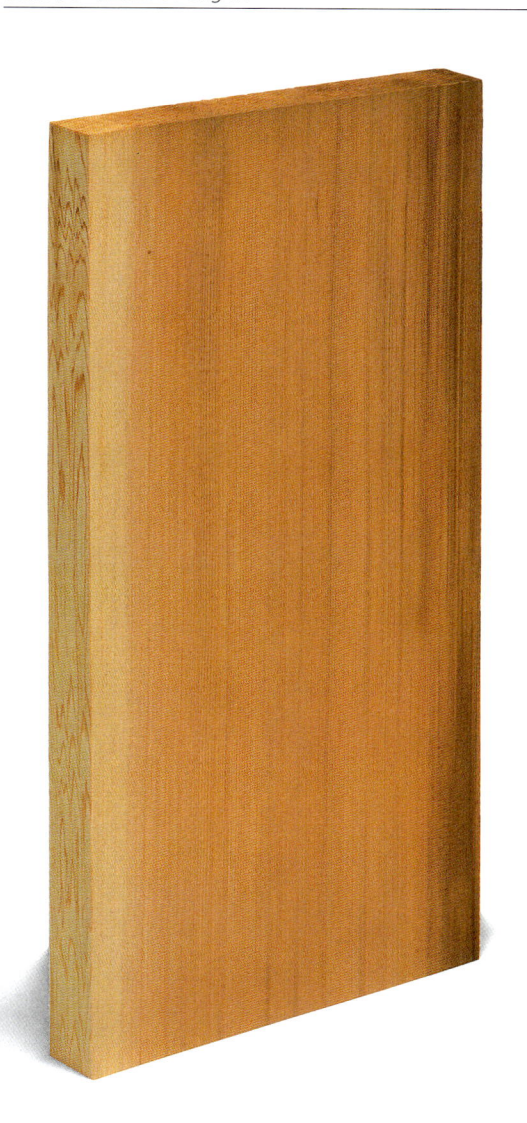

ウエスタン ヘムロック
Tsuga heterophylla

別名：パシフックヘムロック、ブリティッシュコロンビアンヘムロック

原産地：アメリカ合衆国、カナダ、イギリス

木の特徴：背が高くまっすぐで品のある木。はっきりした垂下型の梢。高さ60m、直径2mに達することもある。大径の木材が採れる。

木材の特徴：均等な肌目、通直な木理。耐久性はないため、外装使用する前に処理が必須。ごく薄い茶色で半光沢、節なく樹脂もなく、比較的くっきりとした年輪が現れる。

一般的な用途：建具、合板、建築構造、しばしばダグラスファーの代用材として使用される。

作業性：手動あるいは電動工具を使用してたやすく扱える。接着剤の吸収はよい。

仕上げ：ステイン、つや出し、ペンキ、ニスと相性よし。

乾燥時平均重量：500kg/m³

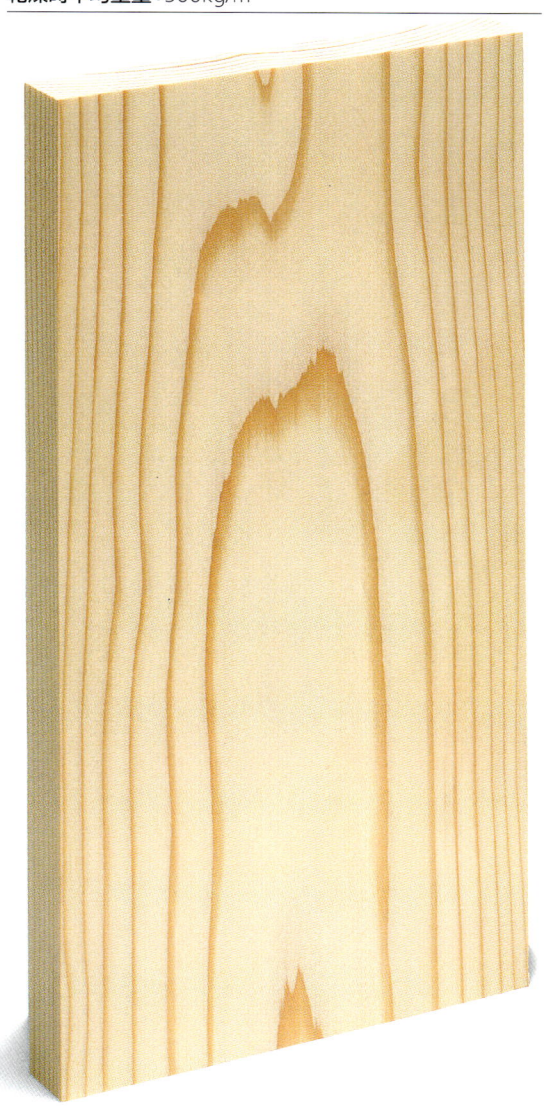

針葉樹材

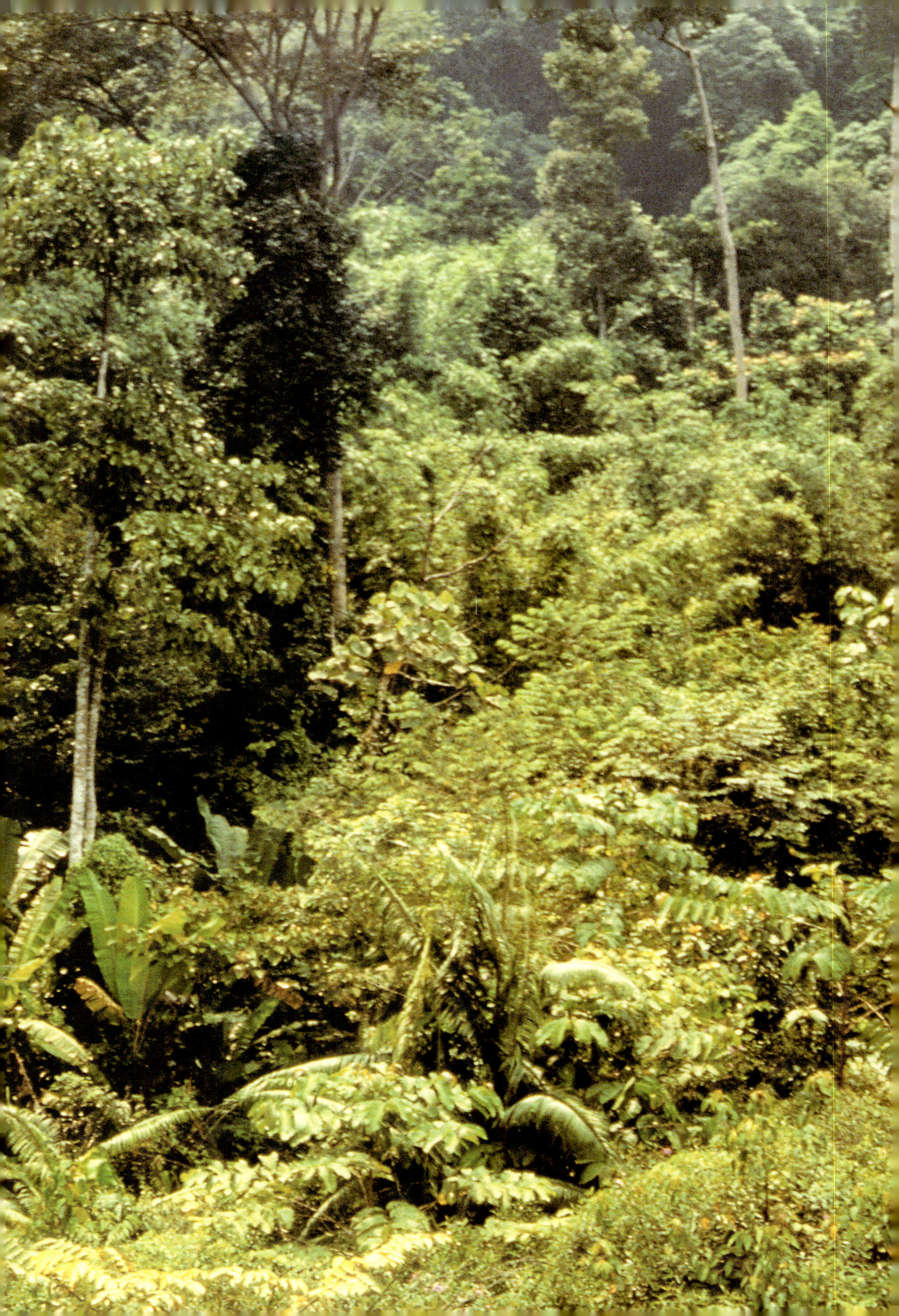

世界の広葉樹材

広葉樹は植物分類学上では被子植物に属し、花をつけ、広い葉をした植物だ。これは針葉樹と同じく、植物学上の分類に基づく用語だが、別名"硬材"と呼ばれる広葉樹は実際に、軟材と呼ばれる針葉樹よりも硬い。このなかで最大の例外はバルサだ。この木は植物学上は広葉樹に属しているが、流通している広葉樹・針葉樹の中でもっとも柔らかい。

世界中には何千種という広葉樹が存在するが、市販されているものはわずか数百種である。

ハードメープル
温帯
落葉性

ボックスウッド
温帯
常緑性

バルサ
熱帯
落葉性

広葉樹

熱帯で生長する広葉樹はおもに常緑性である。温帯ではほとんどの広葉樹は落葉性で、冬になると葉を落とす。しかし、中には常緑性になったものもある。

世界で広葉樹材を生産する地域

気候がどの地域で生長するかを決定する第一条件だ。落葉性の広葉樹は北半球温帯のほとんどの地域で育ち、常緑性の広葉樹は南半球と熱帯地方に見られる。

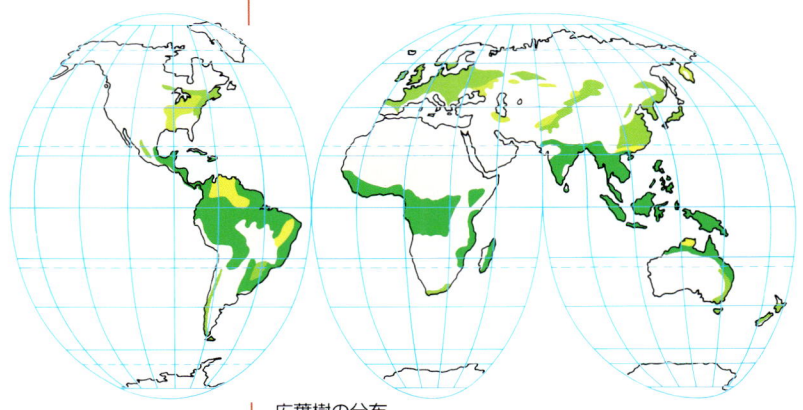

広葉樹の分布
● 常緑性広葉樹林
● 落葉性広葉樹林
● 常緑性と落葉性が混在した広葉樹林
● 常緑性広葉樹と針葉樹が混在した森林

広葉樹材の単板

広葉樹材は一般的に針葉樹材より耐久性があり、色、肌目、木目も幅広いため、人気があり高価だ。高い値がつき、入手がむずかしくなりつつあるために、外来種の木材は需要を満たすために単板に加工されることが多い（88ページを参照）。

絶滅の危機に瀕した広葉樹種

過度な伐採、そして国際規定を設けての協力がじゅうぶんでないために、多くの熱帯性広葉樹材は絶対的な不足状態に陥ってしまった（14～16ページを参照）。次のページからは、そうした品種には赤丸で印をつけた。こうした木材は、たしかな供給元から入手したものかどうか、販売店にたしかめよう。

● **絶滅危惧種**

広葉樹林の再生

熱帯森林の自然の環境で若木を植え手入れをして、次世代のために広葉樹の資源を残す。

広葉樹材

オーストラリアン
ブラックウッド
Acacia melanoxylon

別名：ブラックワトル
原産地：南部・東部オーストラリアの山間地域
木の特徴：高さ24m、平均直径1.5m
木材の特徴：強固で、一般的に通直木理、ゴールドがかった茶色からこげ茶色。中質の均等な肌目。交錯杢理や波状杢目がめずらしくない。魅力的なフィドルバック杢が現れることもある。心材は耐久性があり、腐敗に強い。曲木によい。
一般的な用途：高級家具、建具、挽物、高級造作材、化粧単板
作業性：手動あるいは電動工具を使用してそこそこに扱える。柾目の材は仕上がりもよいが、不規則な木目の材は仕上げがむずかしい。接着剤の吸収はよい。
仕上げ：ステインと相性がいい。つや出しでよい仕上げが得られる。
乾燥時平均重量：670kg/m³

ヨーロピアン
シカモア
Acer pseudoplatanus

別名：プレーン（スコットランド）、シカモアプレーン、グレートメープル（イギリス）
原産地：ヨーロッパ、西アジア
木の特徴：中型サイズの木で、高さ30m、直径1.5m
木材の特徴：光沢のある白から黄色がかった白。耐久性はなく、外装使用には適さない。しかし、蒸煮曲げ加工にはよい。細かで均等な肌目。一般的には通直木理だが、波状杢理はフィドルバック杢となり、ヴァイオリンの背として楽器製作者に重宝される。
一般的な用途：挽物、家具、フローリング、単板、キッチン用品
作業性：波状杢目の処理をすれば、手動あるいは電動工具を使用して扱いやすい。接着剤の吸収はよい。
仕上げ：ステインと相性がいい。つや出しでよい仕上げが得られる。
乾燥時平均重量：630kg/m³

ソフトメープル
Acer rubrum

別名：レッドメープル（アメリカ合衆国、カナダ）
原産地：アメリカ合衆国、カナダ
木の特徴：中型サイズの木。高さ23m、直径750mmになる。
木材の特徴：明るいクリーム色がかった茶色で通直木理、光沢のある表面、細かな肌目。耐久性はなく、ハードメープルほどの強度はないが、蒸煮曲げ加工にはよい。
一般的な用途：家具、内装建具、楽器、フローリング、挽物、合板、単板
作業性：手動あるいは電動工具を使用してたやすく扱える。満足のいく接着ができる。
仕上げ：ステインと相性がよく、つや出しでよい仕上げが得られる。
乾燥時平均重量：630kg/m³

ハードメープル
Acer saccharum

別名：ロックメープル、シュガーメープル
原産地：カナダ、アメリカ合衆国
木の特徴：中型サイズで高さ約27m、直径750mmに生長する。
木材の特徴：重い木材だが、耐久性がない。通直木理、細かな肌目。心材は明るい赤みがかった茶色で、明るい色の辺材は質の高い白さから選択の対象になることが多い。
一般的な用途：家具、挽物、楽器、フローリング、単板、寄せ木
作業性：手動あるいは電動工具を使用して扱うことは困難。不規則な木目のものはなおさらである。接着剤の吸収はよい。
仕上げ：ステインと相性がよく、つや出しで満足いく仕上がりが得られる。
乾燥時平均重量：740kg/m³

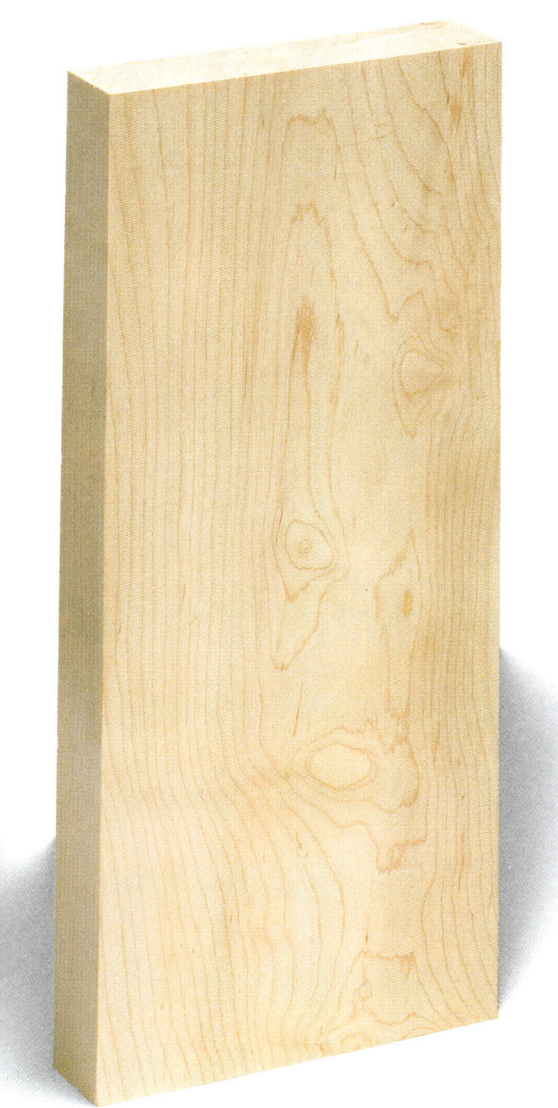

広葉樹材

広葉樹材

レッドアルダー
Alnus rubra

別名：ウエスタンアルダー、オレゴンアルダー
原産地：北アメリカ太平洋沿岸
木の特徴：小ぶりの木で高さ約15m、直径は300〜500mmとなる。
木材の特徴：通直木理、均等な肌目。柔らかく特別な強度はない。耐久性はないが、防腐剤で処理可能。色はごく薄い黄色から赤みがかった茶色まで、木目ははっきりしない。
一般的な用途：家具、挽物、彫刻、化粧単板、合板、玩具
作業性：刃先を鋭く保っていれば手動あるいは電動工具を使用して扱いやすい。接着剤の吸収はよい。
仕上げ：ステインと相性がよく、ペンキやつや出しでも満足のいく仕上がりが得られる。
乾燥時平均重量：530kg/m³

ゴンセロルビス
Astroniurn fraxinifolium

別名：ゼブラウッド（イギリス）、タイガーウッド（アメリカ合衆国）
原産地：ブラジル
木の特徴：平均高さ30mだが、45mに達する木もある。直径は約1m。
木材の特徴：中質の肌目。硬く、耐久性が高い。硬い部分と柔らかい部分が層になっている。赤みがかった茶色にこげ茶色の縞が入っており、インディアンローズウッド（シタン）と似ている。木目は不規則で交差している。
一般的な用途：高級家具、化粧木製品、挽物（とくによい）、単板
作業性：扱いが困難。手動あるいは電動工具を使用するには、刃先を鋭く保っていることが必須条件。天然の光沢があり、接着剤の吸収はよい。
仕上げ：つや出しでよい仕上がりが得られる。
乾燥時平均重量：950kg/m³

絶滅危惧種 ●

イエローバーチ
Betula alleghaniensis

別名：ハードバーチ、ベチュラウッド（カナダ）、カナディアンイエローバーチ、ケベックバーチ、アメリカンバーチ（イギリス）

原産地：カナダ、アメリカ合衆国

木の特徴：もっとも大きな北アメリカのバーチは、通常高さ20mに達し、まっすぐでわずかに先細りの幹は直径約750mm。

木材の特徴：耐久性はなく、通常は通直木理。細かで均等な肌目。蒸煮曲げ加工によい。明るい黄色の辺材は透過性があり、はっきりした濃い色の年輪となる赤みがかった茶色の心材は、防腐剤があまり効かない。

一般的な用途：建具、フローリング、家具、挽物、高級化粧合板

作業性：手動あるいは電動工具を使用してそこそこ扱える。接着剤の吸収はよい。

仕上げ：ステインと相性がよく、つや出しでよい仕上げが得られる。

乾燥時平均重量：710kg/m³

ペーパーバーチ
Betula papyrifera

別名：アメリカンバーチ（イギリス）、ホワイトバーチ（カナダ）

原産地：アメリカ合衆国、カナダ

木の特徴：平均高さは比較的低く、約18m。まっすぐですっきりした円柱状の幹は直径約300mm。

木材の特徴：とても硬く、通直木理、細かで均等な肌目。蒸煮曲げ加工にもよい。耐久性はない。辺材はクリーム色がかった白、心材はごく薄い茶色で防腐剤があまり効かない。

一般的な用途：挽物、家庭用木製品、キッチン用品、木箱、合板、単板

作業性：手動あるいは電動工具を使用してそこそこ扱える。接着剤の吸収はよい。

仕上げ：ステインと相性がよく、つや出しでよい仕上げが得られる。

乾燥時平均重量：640kg/m³

広葉樹材

広葉樹材

ボックスウッド
Buxus sempervirens

別名：原産地に応じて、ヨーロッピアン／ターキッシュ／イラニアン・ボックスウッド
原産地：南ヨーロッパ、西アジア、小アジア
木の特徴：小さく灌木のような木。高さ9m。ビレットとよばれる板は1m長さ、直径200mmほどの短い木から得られる。
木材の特徴：強固で、重く、緻密、細かで均等な肌目。通直木理、あるいは不規則な木目。切りだした当初はごく薄い黄色だが、日光や空気にさらすあいだに色がしっとりと落ち着いていく。心材は耐久性、透過性があり、辺材は防腐剤の効きがよい。蒸煮曲げ加工に適した特性をもつ。
一般的な用途：手道具、彫り物、楽器、定規、象眼、挽物、彫刻
作業性：作業には硬い木であるが、鋭い工具でとてもきれいに切ることができる。容易く接着できる。
仕上げ：ステインと相性がよく、つや出しでよい仕上げが得られる。
乾燥時平均重量：930kg/m³

シルキーオーク
Cardwellia sublimis

別名：ブルオーク、オーストラリアンシルキーオーク（イギリス）、ノーザンシルキーオーク（オーストラリア）
原産地：オーストラリア
木の特徴：高さ約36m、まっすぐな幹は直径1.2mに達する。
木材の特徴：粗く均等なな肌目。赤みがかった茶色で、通直木理、大きな放射組織。外装使用にむいた適度な耐久性があり、適度な強度があるにもかかわらず、蒸煮曲げ加工にもよい。
一般的な用途：建築構造、内装建具、家具、フローリング、単板。
作業性：手動あるいは電動工具を使用して扱いやすい。かんなをかける際、放射組織を裂かないよう注意が必要。接着はよい。
仕上げ：ステインと相性がよく、つや出しで満足いく仕上がりが得られる。
乾燥時平均重量：550kg/m³

ペカンヒッコリー
Carya illinoensis

別名：スイートペカンヒッコリー

原産地：アメリカ合衆国

木の特徴：食用のナッツのなる木。高さ30m、直径1mに達する。

木材の特徴：緻密、強固、粗い肌目。アッシュに似た外観で、白い辺材と赤みがかった茶色の心材。衝撃に強いが、耐久性はない。蒸煮曲げ加工にとても適している。通常通直木理だが、不規則な木目あるいは波状杢目になることもあり、年輪は多孔性。

一般的な用途：椅子、曲木家具、スポーツ用品、ハンマーの柄、ドラムスティック

作業性：早く生長すると緻密になり、手動あるいは機械工具の刃先をすぐに鈍くしてしまい、扱いが困難になる。接着はよい。

仕上げ：多孔性ではあるが、ステインと相性がよく、つや出しでよい仕上がりとなる。

乾燥時平均重量：750kg/m³

アメリカンチェストナット
Castanea dentata

別名：ウォーミーチェストナット

原産地：カナダ、アメリカ合衆国

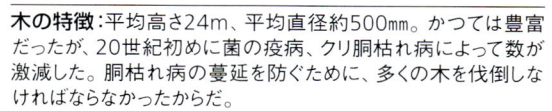

木の特徴：平均高さ24m、平均直径約500mm。かつては豊富だったが、20世紀初めに菌の疫病、クリ胴枯れ病によって数が激減した。胴枯れ病の蔓延を防ぐために、多くの木を伐倒しなければならなかったからだ。

木材の特徴：耐久性があり、粗い肌目、広くはっきりした年輪と明るい茶色の心材。オーク同様に、鉄と接触すると青みがかった黒い染みができることがあり、湿った状態では鉄を腐食させる。"虫食い"の様相は害虫被害によるもので、"年代ものの"家具の再現に需要がある。

一般的な用途：家具、柱、杭、棺、単板

作業性：手動あるいは電動工具を使用してたやすく扱える。接着はよい。

仕上げ：ステインと相性がよく、つや出しでよい仕上げが得られる。

乾燥時平均重量：480kg/m³

広葉樹材

広葉樹材

スイートチェストナット
Castanea sativa

別名：スパニッシュチェストナット、ヨーロピアンチェストナット
原産地：ヨーロッパ、小アジア
木の特徴：大ぶりで、食用ナッツのなる木。高さ30m以上に達し、まっすぐな幹は直径約1.8m、長さ6m。
木材の特徴：耐久性があり、粗い肌目。黄色がかった茶色で、通直木理、あるいは縄目。板目挽きにすると、色と肌目がオークに似ている。オークやアメリカンチェストナット同様、鉄を腐食させ、接触部分に染みができる。
一般的な用途：家具、挽物、棺、柱、杭
作業性：手動あるいは電動工具を使用してたやすく扱える。粗い肌目もなめらかに仕上げることができる。接着はよい。
仕上げ：ステインと相性がよく、ニスやつや出しですばらしい仕上がりが得られる。
乾燥時平均重量：560kg/m³

ブラックビーン
Castanospermum australe

別名：モートンベイビーン、モートンベイチェストナット、ビーンツリー
原産地：オーストラリア東部
木の特徴：背の高い木で、ニューサウスウェールズからクイーンズランドの湿気の多い森林に見られる。高さ約40m、直径約1mに達する。
木材の特徴：硬く重い。灰色がかった茶色の縞が入った豊かな茶色。いくぶん粗い肌目で魅力のある木目。一般的に通直木理だが、交錯杢理もめずらしくない。心材は耐久性があり、防腐剤の効きはよくない。
一般的な用途：家具、挽物、建具、彫刻、化粧単板
作業性：硬い中に柔らかい部分がある木材なので、刃先を鋭く保っていないと崩れることがある。手動あるいは電動工具使用では特に扱いやすい材ではない。一般的に、比較的接着はよい。
仕上げ：ステインと相性がよく、つや出しでよい仕上げが得られる。
乾燥時平均重量：720kg/m³

サテンウッド
Chloroxylon swietenia

別名：イーストインディアンサテンウッド
原産地：中央・南部インンド、スリランカ
木の特徴：小ぶりの木で高さ約15m、まっすぐな幹は直径約300mm。
木材の特徴：光沢、耐久性がある。明るい黄色からゴールドがかった茶色。細かで均等な肌目。縞杢となる交錯杢理を生じる。重く、硬く、強い。
一般的な用途：内装建具、家具、単板、象眼、挽物
作業性：手動あるいは電動工具使用、そして接着において、やや扱いがむずかしい。
仕上げ：処理をおこなえば、滑らかな表面となり、つや出しでよい仕上がりが得られる。
乾燥時平均重量：990kg/m³

●絶滅危惧種

キングウッド
Dalbergia cearensis

別名：バイオレットウッド、ビオレッタ（アメリカ合衆国）、ボアビオレ（フランス）、ビオレテ（ブラジル）
原産地：南アメリカ
木の特徴：小さな木で、植物学的にインディアンローズウッドに近い、白い辺材を取りのぞいた2.5m長さの直径75～200mmのビレットとよばれる板が得られる。
木材の特徴：細かく均等な肌目。耐久性があり、通常は柾目、黒っぽい光沢のある心材は、紫がかった茶色、黒、ゴールドがかった黄色の縞がまだらに入った杢となる。
一般的な用途：挽物、象眼、寄せ木
作業性：刃先を鋭く保っていれば、扱いやすい。満足のいく接着。
仕上げ：磨くとよい仕上がりとなる。ワックスで磨きあげてもよい。
乾燥時平均重量：1200kg/m³

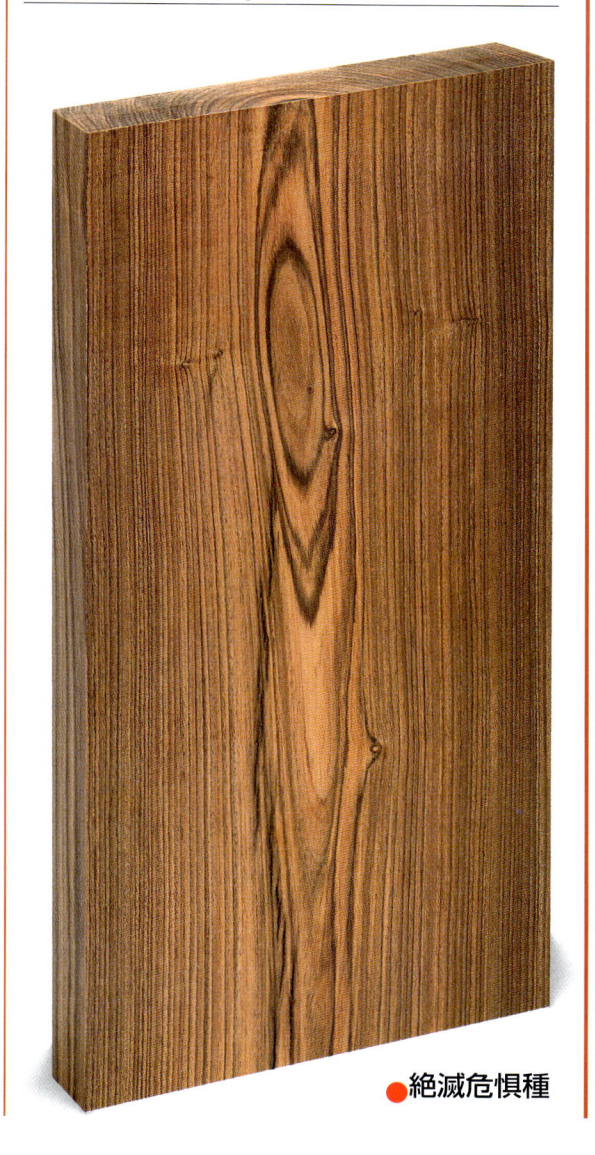

●絶滅危惧種

広葉樹材

広葉樹材

インディアンローズウッド
Dalbergia latifolia

別名：イーストインディアンローズウッド、ボンベイローズウッド（イギリス）、ボンベイブラックウッド（インド）
原産地：インド
木の特徴：高さ24mに達することがある。まっすぐで枝のない円柱形の幹は直径1.5mに達することもある。
木材の特徴：耐久性があり、硬く重い。一定のやや粗い肌目。色はゴールドがかった茶色から紫がかった茶色で、黒か濃い紫の縞が入っている。交差した狭い木目はうっすらとしたリボン杢となる。
一般的な用途：家具、楽器、造船、店舗造作、挽物、単板
作業性：手動あるいは電動工具使用では、やや扱いがむずかしく、電動工具の刃先を痛めてしまう。接着は満足のいく仕上がり。
仕上げ：高度な研磨には木目に目止めが必要だが、ワックスでよい仕上がりが得られる。
乾燥時平均重量：870kg/m³

● 絶滅危惧種

ココボロ
Dalbergia retusa

別名：グラナディーロ（メキシコ）
原産地：中央アメリカ西海岸
木の特徴：中型サイズの木で、高さ30mに達することがある。縦溝のある幹は直径約1mになることも。
木材の特徴：耐久性があり、交錯木理。硬く重く、単一で中程度の細かさの肌目。心材は紫がかった赤から黄色まで斑が入っており、黒い模様が入る。日光などにさらしていると、色は濃いオレンジがかった赤に変化する。
一般的な用途：挽物、ブラシの背、フォーク類の持ち手、単板
作業性：硬いが、刃先を鋭く保っていれば、手動あるいは電動工具使用で容易に扱うことができる。油分の多い性質で、機械で質のよいなめらかな表面に仕上げることができる。しかし、接着性は良くない。
仕上げ：ステインと相性がよく、つや出しでよい仕上がりが得られる。
乾燥時平均重量：1100kg/m³

● 絶滅危惧種

エボニー
Diospyros ebenum

別名：テンドー、ツキ、エバンス
原産地：スリランカ、インド
木の特徴：比較的小さな木で高さ30mになり、まっすぐな幹は高さ約4.5m、直径はおよそ750mm。
木材の特徴：硬く、重く、緻密。通直木理、不規則な木目や縄目になることもある。細かで均等な肌目。耐久性のない辺材は黄色がかった白で、耐久性があり光沢のある心材が、よく目にするこげ茶色から黒の木材となる。
一般的な用途：挽物、楽器、象眼、フォーク類の柄
作業性：挽物以外は、扱いの困難な材。刃先がすぐに欠けたり切れ味が悪くなったりするからだ。接着性はあまりよくない。
仕上げ：つや出しですばらしい仕上がりが得られる。
乾燥時平均重量：1190kg/m³

● 絶滅危惧種

ジェラトン
Dyera costulata

別名：ジェルトンブキット、ジェルトンパヤ（サラワク）
原産地：東南アジア
木の特徴：大きな木で高さ60mに達することもある。まっすぐな幹は高さ27m、直径は2.5mまで生長することもある。
木材の特徴：柔らかく、通直木理。光沢のある細かで均等な肌目。無地のような木目。耐久性はない。通常、約12mm大きさのラテックス溝が見られる。辺材、心材ともにクリーム色がかった、ごく薄い茶色をしている。
一般的な用途：内装建具、ひな形、マッチ、合板
作業性：手動あるいは電動工具使用で容易に扱え、なめらかな仕上げが得られる。彫刻も容易。接着もよい。
仕上げ：ステイン、ニスと相性がよく、つや出しでよい仕上げが得られる。
乾燥時平均重量：470kg/m³

● 絶滅危惧種

広葉樹材

広葉樹材

クイーンズランド ウォルナット
Endiandra palmerstonii

別名：オーストラリアウォルナット、ウォルナットビーン、オリエンタルウッド
原産地：オーストラリア
木の特徴：背の高い木で高さ42mに達することがある。長く張り出した幹は直径約1.5m。
木材の特徴：耐久性はなくヨーロピアンウォールナッツと似ているが、実際はクルミの仲間ではない。色は明るい茶色からこげ茶色までさまざまだ。ピンクと濃い灰色の縞が入る。交錯杢理、あるいは波状杢目が魅力的な木目を作る。放射細胞に二酸化ケイ素を含むことがある。
一般的な用途：家具、内装建具、店内調度品、フローリング、化粧単板
作業性：手動あるいは電動工具使用では扱いがむずかしい。刃先の切れ味が悪くなるからだ。ただ、なめらかで自然な仕上がりが得られ、満足のいく接着ができる。
仕上げ：つや出しでよい仕上げが得られる。
乾燥時平均重量：690kg/m³

ユティール
Entandrophragma utile

別名：シポ（コートジボアール）、アッシエ（カメルーン）
原産地：アフリカ
木の特徴：背の高い木で、高さ約45m、まっすぐで円柱状の幹は直径約2mとなる。
木材の特徴：やや強く、耐久性がある。切断した当初はピンクがかった茶色で、日光などにさらすと色が濃くなり、赤みがかった茶色となる。中質の肌目。交錯杢理で柾目挽きにするとリボン状の木目となる。
一般的な用途：内装・外装建具、造船、家具、フローリング、合板、単板。
作業性：かんながけの際に、リボン状の木目を裂かないよう注意を払えば、あとは手動あるいは電動工具使用で扱いやすい材。接着もよい。
仕上げ：ステインと相性がよく、つや出しもよい。
乾燥時平均重量：660kg/m³

● 絶滅危惧種

66

ジャラ
Eucalyptus marginata

別名：なし

原産地：オーストラリア西部

木の特徴：背の高い木で高さ45m、長く枝のない幹は直径約1.5mに達する。

木材の特徴：とても耐久性が高く、強く、硬く、重い。均等な中程度に粗い肌目。狭い辺材は黄色がかった白で、心材は切断した当初は明るい赤から濃い赤をしているが、色は濃くなって赤みがかった茶色となる。木目は通常通直木理だが、波状杢目や交錯杢理にもなり、木目には細かな茶色の装飾的斑点が散る。これはカンゾウタケという菌によって引き起こされる。ときおり、ゴム樹脂道が見られる。

一般的な用途：建物・船の建築構造、外装・内装の建具、家具、挽物、化粧単板

作業性：手動あるいは電動工具使用ではやや扱いがむずかしいが、挽物にはよい。接着はよい。

仕上げ：磨き仕上げに最適、とくにオイルフィニッシュがよい。

乾燥時平均重量：820kg/m³

アメリカンビーチ
Fagus grandifolia

別名：なし

原産地：カナダ、アメリカ合衆国

木の特徴：比較的小さな木で、平均高さ15m、幹は直径約500mm。

木材の特徴：ヨーロピアンビーチに比べると、わずかに粗く重い。通直木理で、ヨーロピアンビーチと同程度の強度をもち、蒸煮曲げ加工に適している。明るい茶色から赤みがかった茶色。細かで均等な肌目。湿気にさらすと腐りやすいが、防腐剤でじゅうぶんに対処できる。

一般的な用途：高級指物、内装建具、挽物、曲木家具

作業性：手動あるいは電動工具使用で楽に扱える。もっとも、横に切ったり、ドリルを使用すると焦げる性質がある。接着はよい。

仕上げ：ステインと相性がよく、つや出しでよい仕上がりが得られる。

乾燥時平均重量：740kg/m³

広葉樹材

広葉樹材

ヨーロピアンビーチ
Fagus sylvatica

別名：原産地によって、イングリッシュ／フレンチ／ダニッシュ・ビーチ等

原産地：ヨーロッパ

木の特徴：大きな木で、高さ45m、まっすぐで枝のない幹は直径約1.2mに達することもある。

木材の特徴：通直木理、細かで均等な肌目。切断した当初は白みがかった茶色だが、さらされると黄色がかった茶色となる。"蒸したビーチ"とは、乾燥過程の1部で蒸気にあてた材で、これは赤みがかった茶色である。強い材で、蒸煮曲げ加工に最適。乾燥すると、オークより屈強な材となる。腐れやすいが、防腐材で処理できる。

一般的な用途：内装建具、高級指物、挽物、曲木家具、合板、単板

作業性：手動あるいは電動工具使用で容易に扱えるが、作業の手軽さは質と乾燥状態しだいだ。接着はよい。

仕上げ：ステインと相性がよく、つや出しでよい仕上がりが得られる。

乾燥時平均重量：720kg/m³

アメリカン ホワイトアッシュ
Fraxinus americana

別名：カナディアンアッシュ（イギリス）、ホワイトアッシュ（アメリカ合衆国）

原産地：カナダ、アメリカ合衆国

木の特徴：この仲間の木は高さ18m、幹の直径は約750mmになる。

木材の特徴：強度があり、衝撃に強い。環孔、はっきりした木目が出る。粗く、一般的に通直木理。ほぼ白の辺材とごく薄い茶色の心材、ヨーロピアンビーチに似ている。耐久性はないが、防腐剤で処理すれば外装使用も可能。蒸煮曲げ加工によい木だ。

一般的な用途：建具、造船、スポーツ用品、工具の柄、合板、単板

作業性：手動あるいは電動工具使用で扱いやすい。表面を美しく仕上げられる。接着はよい。

仕上げ：ステインと相性がよく、黒で仕上げることも多い。つや出しでよい仕上がりが得られる。

乾燥時平均重量：670kg/m³

ヨーロピアンアッシュ
Fraxinus excelsior

別名：原産地によって、イングリッシュ／フレンチ／ポリッシュ・アッシュ等

原産地：ヨーロッパ

木の特徴：中型から大型の木で、平均高さ30m。幹の直径は500mm〜1.5mになる。

木材の特徴：強固で粗い肌目。通直木理で柔軟性があり、比較的割れや衝撃に強い。蒸煮曲げ加工に最適。辺材心材ともに、白からごく薄い茶色。"オリーブアッシュ"は黒っぽく染みのできた心材のある丸太から採れ、ごく薄く、強い"スポーツアッシュ"には高い需要がある。腐れやすく、外装使用には防腐剤で処理をしないとならない。

一般的な用途：スポーツ用品、工具の柄、高級指物、曲木家具、造船、車両本体、梯子の桟、積層材用ラミナ、合板、化粧単板

作業性：手動あるいは電動工具使用で扱いやすい。表面のなめらかな仕上げも得られる。接着性はよい。

仕上げ：ステインと相性がよく、つや出しでよい仕上がりが得られる。

乾燥時平均重量：710kg/m³

ラミン
Gonystyilus macrophyllum

別名：メラウィス（マレーシア）、ラミンテルル（サラワク）

原産地：東南アジア

木の特徴：高さ約24m、長くまっすぐな幹は直径約600mmになる。

木材の特徴：やや細かで、均等な肌目。通常は通直木理だが、わずかに交差することも。辺材心材ともに、ごく薄い茶色。腐れやすく、外装使用には適さない。

一般的な用途：内装建具、フローリング、家具、玩具、挽物、彫刻、単板

作業性：手動あるいは電動工具使用でそこそこ扱える。ただ、刃先を鋭く保っておくこと。接着はよい。

仕上げ：ステイン、ペンキ、ニスと相性がよく、つや出しで満足いく仕上がりが得られる。

乾燥時平均重量：670kg/m³

● 絶滅危惧種

広葉樹材

広葉樹材

リグナムバイタ
Guaiacum officinale

別名：アイアンウッド（アメリカ合衆国）、ボワドガイアック（フランス）、グアヤカン（スペイン）、パラサント、グアヤカンネグロ（キューバ）

原産地：西インド、アメリカ大陸熱帯地域

木の特徴：小さな木でゆっくり生長し、高さ9m、直径約500mmとなる。木材は短材の形状で販売される。

木材の特徴：細かな単一の肌目。目の詰まった交錯木理。流通している材木の中で、もっとも硬く重いグループに属する。耐久性が高く、樹脂が多く油分の多い感触。硬さと自然の光沢に大きな需要がある。狭い辺材はクリーム色で、心材は濃い緑がかった茶色から黒。

一般的な用途：支持材、滑車、木槌、挽物

作業性：のこでの切断、手動あるいは電動工具使用がとても困難な材。しかし、挽物ではよい仕上げが得られる。接着をよくするには、油性溶剤が必要。

仕上げ：研ぐとよい自然な仕上がりが得られる。

乾燥時平均重量：1250kg/m³

● **絶滅危惧種**

リグナムバイタはワシントン条約の附属書Ⅱに記載されている（14ページを参照）。

ブビンガ
Guibourtia demeusei

別名：アフリカンローズウッド、ケバジンゴ（ガボン共和国）、エッシンガング（カメルーン）

原産地：カメルーン、ガボン共和国、ザイール

木の特徴：高さ約30m、長くまっすぐな幹は直径約1mになる。

木材の特徴：硬く、重い。やや粗く、均等なな肌目。弾力性はないが、適度に耐久性があり強度もある。木目は通直木理、あるいは交差、不規則。心材は赤みがかった茶色で、赤と紫の筋がある。

一般的な用途：家具、木製品、挽物、化粧単板（ロータリー切削したものはケバジンゴとして知られる）

作業性：手動あるいは電動工具使用で扱いやすく、よい仕上げを得られるが、刃先を鋭く保つこと。木材にたまったゴムが接着の際は問題になることもある。

仕上げ：ステインと相性がよく、つや出しでよい仕上がりが得られる。

乾燥時平均重量：880kg/m³

● **絶滅危惧種**

ブラジルウッド
Guibourtia echinata

別名：ペルナムブコウッド、ブヒアウッド、パラウッド

原産地：ブラジル

木の特徴：小型から中型の木で、直径200mmのビレットとよばれる板が得られる。

木材の特徴：重く、硬い。強固で弾力性があり、とても耐久性が高い。通常木目は通直で、細かで均等な肌目。辺材はごく薄く、光沢のある明るいオレンジがかった赤の心材と対照的。心材は日光などにさらすと、豊かな赤みがかった茶色に変わる。

一般的な用途：染料木、ヴァイオリンの弓、外装の建具、寄せ木張りのフローリング、挽物、銃尻、単板

作業性：刃先を鋭く保っていれば、手動あるいは電動工具使用でそこそこ扱える。接着はよい。

仕上げ：表面をつや出しすると、極めてすばらしい仕上げが得られる。

乾燥時平均重量：1280kg/m³

● 絶滅危惧種

バターナット
Juglans cinerea

別名：ホワイトウォルナット

原産地：カナダ、アメリカ合衆国

木の特徴：比較的小さな木で、高さ約15m、幹の直径は約750mm。

木材の特徴：木理は通直、粗い肌目。比較的柔らかく弱く、耐久性はない。木目はアメリカンウォールナットに似ているが、中程度の茶色からこげ茶色の心材が、こちらのほうが色が薄い。

一般的な用途：家具、内装建具、彫刻、単板、箱もの、木枠

作業性：鋭い刃先であれば、手動あるいは電動工具使用は容易い。接着もよい。

仕上げ：ステインと相性がよく、つや出しでよい仕上がりが得られる。

乾燥時平均重量：450kg/m³

広葉樹材

広葉樹材

アメリカン
ウォールナット
Juglans njgra

別名：ブラックアメリカンウォールナット

原産地：アメリカ合衆国、カナダ

木の特徴：高さ約30m、幹の直径約1.5m

木材の特徴：強固で、やや耐久性がある。均等だが粗い肌目。通常は通直木理だが、波状木目も見られる。明るい色の辺材と、豊かな濃い茶色で紫がかった心材とのコントラスト。蒸煮曲げ加工によい。

一般的な用途：家具、楽器、内装建具、銃尻、挽物、彫刻、合板、単板

作業性：手動あるいは電動工具使用で扱いやすい。接着性もよい。

仕上げ：つや出しでよい仕上がりが得られる。

乾燥時平均重量：660kg/m³

ヨーロピアン
ウォールナット
Juglans regia

別名：原産地によってイングリッシュ／フレンチ／イタリアン・ウォールナット等

原産地：ヨーロッパ、小アジア、東南アジア

木の特徴：ナッツをつける木。高さ約30m、平均的な幹の直径は1mに達する。

木材の特徴：やや耐久性があり、いくらか粗い肌目。柾目と波状杢目がまざっており、灰色がかった茶色にさらに濃い色の縞が入ったものが一般的。原産地によってかなりちがいがあるが、適度に強固で、蒸煮曲げ加工によい。イタリアンウォールナットが最高の色合いと杢だと考えられている。

一般的な用途：家具、内装建具、銃尻、挽物、彫刻、単板

作業性：手動あるいは電動工具使用で扱いやすい。満足のいく接着。

仕上げ：つや出しでよい仕上がりが得られる。

乾燥時平均重量：670kg/m³

イエローポプラ
Liriodendron tulipifera

別名：カナリアホワイトウッド（イギリス）、イエローポプラ、チューリップポプラ（アメリカ合衆国）、チューリップツリー

原産地：アメリカ合衆国東部、カナダ

木の特徴：高さ約37、平均直径は2mに達する。

木材の特徴：通直木理、細かな肌目。とても柔らかく、軽量。耐久性はなく、地面に接して使用してはならない。狭い辺材は白、心材はごく薄いオリーブグリーンから茶色で、青みがかった縞が入る。

一般的な用途：軽い建築、内装建具、玩具、家具、彫刻、合板、単板

作業性：手動あるいは電動工具使用でたやすく扱える。接着もよい。

仕上げ：ステイン、ペンキ、ニスと相性がよく、つや出しでよい仕上がりが得られる。

乾燥時平均重量：510kg/m³

バルサ
Ochroma lagopus

別名：グアノ（プエルトリコ、ホンジュラス）、トパ（ペルー）、イアネロ（キューバ）、タミ（ボリビア）、ポラック（ベリーズ、ニカラグア）

原産地：南アメリカ、中央アメリカ、西インド諸島

木の特徴：早生樹。6〜7年で高さ約21m、直径約600mmになり、その後は生長が遅くなる。12〜15年で成熟する。

木材の特徴：幅広の通直木理で光沢があり、流通している広葉樹でもっとも軽く、密度で等級がつけられる。生長の遅い木から採れた比較的密で硬い木材に比べ、早生樹の材はさらに軽い。ごく薄いベージュからピンクがかった色。

一般的な用途：断熱、浮力補助、型作り、精密製品用のパッケージ用

作業性：裂けや割れを防ぐよう刃先を鋭く保っていれば、手動あるいは電動工具使用でたやすく扱える。接着はよい。

仕上げ：ステイン、ペンキと相性がよく、つや出しで満足いく仕上がりが得られる。

乾燥時平均重量：160kg/m³

広葉樹材

広葉樹材

パープルハート
Peltogyne spp.

別名：アマランス（アメリカ合衆国）、パウロクソ、アマランテ（ブラジル）、プルペルハルト（スリナム共和国）、サカ、コロボレリ、サカバリ（ガイアナ）

原産地：中央アメリカ、南アメリカ

木の特徴：背の高い木で、高さ約50m、長くまっすぐな幹は直径約1mに達することがある。

木材の特徴：耐久性があり、強く弾力性に富む。単一で細かくそして中程度の肌目。通常通直木理だが、不規則になることもある。切断した当初は、紫色をしているが、時間が経つと色が深まり、酸化して豊かな茶色となる。

一般的な用途：建築構造、造船、家具、挽物、フローリング、単板。

作業性：扱いやすいが、工具の刃先はとがらせておくこと。切れない刃は粘着性のある樹液を表面に引きだしてしまう。挽物によく、接着もよい。

仕上げ：ステインと相性がよく、ワックスで磨くのもいい。ただ、アルコールベースのつや出し剤は色に影響を及ぼす。

乾燥時平均重量：880kg/m³

● 絶滅危惧種

アフロルモシア
Pericopsis elata

別名：アッセムラ（コートジボワール、フランス）、ココロデュア（ガーナ、コートジボワール）、アイン、エグビ（ナイジェリア）

原産地：西アフリカ

木の特徴：幹が長く、比較的背の高い木。高さ約45m、直径約1mに達する。

木材の特徴：耐久性がある。黄色がかった茶色の心材はチークの色へと変色するが、通直木理と交錯木理の混ざった木目はチークより細かな肌目をもち、強度は高く、油分は少ない。湿った状態では、鉄に反応して黒い染みとなることがある。

一般的な用途：単板、内装・外装建具および家具、建築構造、造船

作業性：交錯木理に注意を払えば、のこで楽に挽け、なめらかにかんながけできる。接着はよい。

仕上げ：つや出しでよい仕上がりが得られる。

乾燥時平均重量：710kg/m³

● 絶滅危惧種

アフロルシアはワシントン条約の附属書Ⅱに記載されている（14ページを参照）。

ヨーロピアン プレーン
Platanus acerifolia

別名：原産地にしたがってロンドン／イングリッシュ／フレンチ・プレーン等

原産地：ヨーロッパ

木の特徴：薄片状のまだらな樹皮で容易に識別できる木。公害に強いため、都市部に多く見られる。高さ約30m、幹は直径約1mになる。

木材の特徴：柾目、細かくそして中程度の肌目。腐りやすく外装使用には適さない。明るい赤みがかった茶色の心材には、はっきりした濃い放射組織がある。柾目挽きにすると、"レースウッド"として知られる斑点状の杢目が現れる。アメリカンシカモア（右の項目を参照）と似ているが、こちらのほうが色が濃い。蒸煮曲げ加工によい。

一般的な用途：建具、家具、挽物、単板

作業性：手動あるいは電動工具使用で扱いやすい。接着性もよい。

仕上げ：ステインと相性がよく、つや出しで満足いく仕上がりが得られる。

乾燥時平均重量：640kg/m³

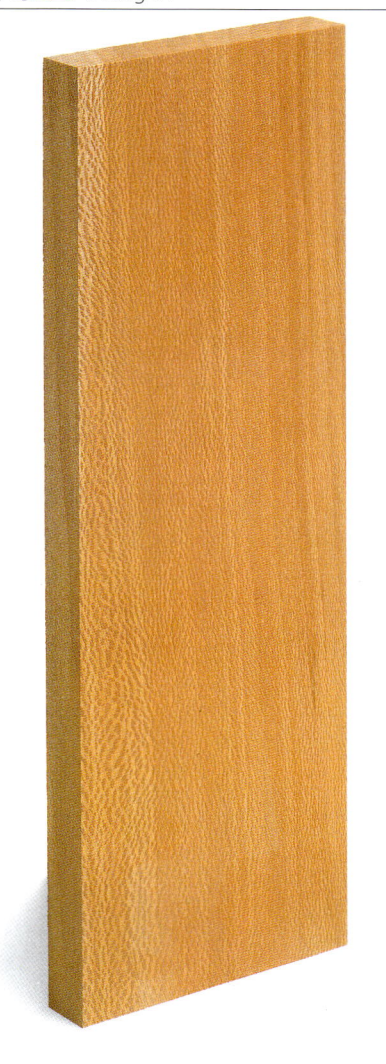

アメリカン シカモア
Platanns occidentalis

別名：ボタンウッド（アメリカ合衆国）、アメリカンプレーン（イギリス）

原産地：アメリカ合衆国

木の特徴：大型の木で高さ約53m、直径6mになる。

木材の特徴：ごく薄い茶色で均等な肌目。腐りやすく戸外での使用には適さない。通常通直木理、柾目挽きにすると、はっきりした濃い色の放射組織がレースウッドを示す。分類上はスズカケの仲間だが、ヨーロピアンプレーン（左の項目を参照）より軽量だ。

一般的な用途：建具、ドア、家具、パネルネリング、単板

作業性：手動あるいは電動工具使用で扱いやすい。かんながけの際は、刃先を鋭く保っておくこと。接着性もおおむねよい。

仕上げ：ステインと相性がよく、つや出しで満足いく仕上がりが得られる。

乾燥時平均重量：560kg/m³

広葉樹材

広葉樹材

アメリカン
チェリー
Prunus serotina

別名：キャビネットチェリー（カナダ）、ブラックチェリー（カナダ、アメリカ合衆国）

原産地：カナダ、アメリカ合衆国

木の特徴：中型サイズの木で、高さ約21m、幹の直径は約500mmになる。

木材の特徴：耐久性がある。通直木理、細かな肌目。硬く、多少強い材。蒸煮曲げ加工も可能。狭い辺材はピンクがかった色で、心材は赤みがかった茶色から深い赤。茶色の斑点があり、中にはゴムがたまったものもある。

一般的な用途：家具、ひな形、建具、挽物、楽器、煙草のパイプ、単板。

作業性：手動あるいは電動工具使用で扱いやすい。接着性もよい。

仕上げ：ステインと相性がよく、つや出しでよい仕上がりが得られる。

乾燥時平均重量：580kg/m³

アフリカン
パダック
Pterocarpus soyauxii

別名：カムウッド、バーウッド

原産地：西アフリカ

木の特徴：高さ約30m、板根buttress上部の幹の直径は1mになる。

木材の特徴：硬く、重い。通直木理、そして交錯木理。やや粗い肌目。ごく薄いベージュの辺材は200mm厚さになり、とても耐久性のある心材は豊かな赤から紫がかった茶色で、赤い縞が出る。

一般的な用途：内装建具、家具、フローリング、挽物、柄。染料木にも使用される。

作業性：手動工具で扱いやすく、電動工具でも表面のよい仕上げが期待できる。接着はよい。

仕上げ：つや出しでよい仕上がりが得られる。

乾燥時平均重量：710kg/m³

● 絶滅危惧種

広葉樹材

アメリカン ホワイトオーク
Quercus alba

別名：ホワイトオーク（アメリカ合衆国）
原産地：アメリカ合衆国、カナダ
木の特徴：よい生長条件では高さ30m、直径約1mに達することもある。
木材の特徴：通直木理。ヨーロピアンオークと似た外観だが、色にもっと幅があり、ごく薄い黄色がかった茶色からごく薄い茶色まであり、ときにはピンクがかった色合いのものもある。外装使用には適度な耐久性があり、肌目は中質〜粗いものから、はっきり粗いものまである。これも生長条件によって異なってくる。蒸煮曲げ加工によい特性をもっている。
一般的な用途：建築構造、内装建具、家具、フローリング、合板、単板。
作業性：手動あるいは電動工具使用で楽に扱える。満足いく接着ができる。
仕上げ：ステインと相性がよく、つや出しでよい仕上がりが得られる。
乾燥時平均重量：770kg/m³

ジャパニーズ オーク
Quercus mongolica

別名：ミズナラ、オオナラ
原産地：日本
木の特徴：高さ約30mになり、まっすぐな幹は直径約1mに達する。
木材の特徴：粗い肌目、通直木理。同じナラの仲間であるヨーロッパやアメリカのオークと比べると、生長がむらなくゆっくりであるために、柔らかくなる。色は全体が明るい黄色がかった茶色。一般的に節がない。蒸煮曲げ加工によい。心材は外装使用に適度な耐久性をもつ。
一般的な用途：内装・外装建具、造船、家具、パネルネリング、フローリング、単板。
作業性：ほかのホワイトオーク類と比べると、手動あるいは電動工具使用で容易に扱える。接着はよい。
仕上げ：ステインと相性がよく、つや出しでとてもよい仕上がりが得られる。
乾燥時平均重量：670kg/m³

広葉樹材

ヨーロピアン
オーク
Quercus robur/Q.petraea

別名：原産地によってイングリッシュ／フレンチ／ポリッシュ・オーク等
原産地：ヨーロッパ、小アジア、北アフリカ
木の特徴：高さ約30m以上、幹の直径2m以上になることもある。
木材の特徴：粗い肌目。通直木理。はっきりした年輪が現れ、柾目挽きにすると、幅広い放射組織が魅力的な杢目が現れる。ごく薄い黄色がかった茶色の心材以上に、辺材はとても薄い色となる。強固で蒸煮曲げ加工によい。耐久性はあるが、酸性なので、金属を腐食させる。中央ヨーロッパに生えるオークは西ヨーロッパのオークよりも、軽く強度が低い傾向にある。
一般的な用途：建具、外装の木製品、家具、フローリング、造船、彫刻、単板。
作業性：刃先を鋭く保っていれば手動あるいは電動工具使用でたやすく扱える。接着性はよい。
仕上げ：ライミング、ステイン、くん煙のすべてが可能。つや出しでよい仕上がりが得られる。
乾燥時平均重量：720kg/m³

アメリカン
レッドオーク
Quercus rubra

別名：ノーザンレッドオーク
原産地：カナダ、アメリカ合衆国
木の特徴：生長条件によっては、高さ21m、直径1mに達することもある。
木材の特徴：耐久性がなく、通直木理、粗い肌目。生長の度合いにかなり左右されるが、北部の材はより生長の早い南部の材に比べて、それほど粗くはない。色はホワイトオークに似たごく薄い黄色がかった茶色だが、ピンクがかった赤い色合いも混じっている。蒸煮曲げ加工によい。
一般的な用途：内装建具、フローリング、家具、化粧単板、合板。
作業性：手動あるいは電動工具使用でたやすく扱うことができ、満足のいく接着ができる。
仕上げ：ステインと相性がよく、つや出しでよい仕上がりが得られる。
乾燥時平均重量：790kg/m³

レッドラワン
Shorea negrosensis

別名：なし

原産地：フィリピン

木の特徴：大型の木。高さ50m、板根の上部の長くまっすぐな幹は直径2mに達することもある。

木材の特徴：適度な耐久性があり、交錯杢理。比較的粗い肌目。柾目挽きの木材には魅力的なリボン杢が現れる。辺材は明るいクリーム色がかった色で、心材は中程度から濃い赤。

一般的な用途：内装建具、家具、造船、単板、箱もの。

作業性：手動あるいは電動工具使用で容易に扱えるが、かんながけの際は表面が避けないよう注意が必要。接着はよい。

仕上げ：ステインと相性がよく、つや出し、ニスでよい仕上がりが得られる。

乾燥時平均重量：630kg/m³

● 絶滅危惧種

ブラジリアンマホガニー
Swietenia macrophylla

別名：原産地によってホンジュラス／コスタリカカン／ペルビアン・マホガニー等

原産地：中央アメリカ、南アメリカ

木の特徴：大型の木で高さ45m、重い板根の上部は直径2mに達することもある。

木材の特徴：天然の耐久性があり、中質の肌目。通直木理、交錯杢理、両方が見られる。白っぽい黄色の辺材と、赤みがかった茶色から濃い赤の心材がコントラストをなす。

一般的な用途：内装パネル、建具、船の厚板、家具、ピアノ、彫刻、化粧単板。

作業性：刃先を鋭く保っていれば、手動あるいは電動工具使用で扱いやすい。接着性はよい。

仕上げ：ステインととても相性がよく、木目にフィーラーを使えばつや出しでよい仕上がりが得られる。

乾燥時平均重量：560kg/m³

ブラジリアンマホガニーはワシントン条約の附属書Ⅲに記載されている(14ページを参照)。

● 絶滅危惧種

広葉樹材

チーク
Tectona grandis

別名：キュン、サグワン、テク、テカ

原産地：南アジア、東南アジア、アフリカ、カリブ海沿岸

木の特徴：高さ45m、長くまっすぐな幹は直径1.5mに達することもある。この幹は縦溝が現れ、張り出すこともある。

木材の特徴：強く、高い耐久性のある材。粗く、不均等な肌目。油分の多い感触。通直木理、波状木理、両方の場合がある。"ビルマ"チーク（ミャンマー産）は単一のゴールドがかった茶色で、他の地域ではもっと暗い、はっきりした色味の木材が採れる。蒸煮曲げ加工にはそこそこ適している。

一般的な用途：内装・外装建具、造船、外装家具、挽物、合板、単板

作業性：手動あるいは電動工具使用で扱いやすいが、刃先はすぐに摩耗する。新しい仕上げ面の接着性はよい。

仕上げ：ステイン、ニス、つや出しと相性がよく、オイルでよい仕上げが得られる。

乾燥時平均重量：640kg/m³

● 絶滅危惧種

バスウッド
Tilia americana

別名：アメリカンライム

原産地：アメリカ合衆国、カナダ

木の特徴：中型サイズの木で、高さ約20m、直径約600mm。まっすぐな幹は、全長のほとんどで枝がないことも多い。

木材の特徴：通直木理、細かで均等なな肌目。耐久性はない。類似したライムと比べると、軽量だ。早材と晩材のあいだにはわずかなコントラストがあり、柔らかく弱い木材は切断した当初はクリーム色がかった白だが、さらすあいだにごく薄い茶色に変色する。

一般的な用途：彫刻、挽物、建具、ひな形、ピアノ鍵盤、製図板、合板。

作業性：手動あるいは電動工具使用で容易に美しく扱える。表面のよい仕上げも期待できる。接着もよい。

仕上げ：ステインと相性がよく、つや出しでよい仕上がりが得られる。

乾燥時平均重量：416kg/m³

ライム
Tilia vulgaris

別名：リンデン（ドイツ）

原産地：ヨーロッパ

木の特徴：高さ30m以上、枝のない幹の直径は約1.2mに達することもある。

木材の特徴：通直木理、細かな単一の肌目。柔らかいが、強度があり、割れに強く、特に彫刻や挽物によい。腐りやすいが、防腐剤で処理可能。全体の色は白からごく薄い黄色だが、さらされると明るい茶色へと深みを増す。辺材と心材に目立ったちがいはない。

一般的な用途：彫刻、挽物、玩具、帽子の木型、ほうきの柄、ハープ、ピアノの共鳴板と鍵盤。

作業性：刃先を鋭く保っていれば、手動あるいは電動工具を使用して扱いやすい。接着性はよい。

仕上げ：ステインと相性がよく、つや出しでよい仕上がりが得られる。

乾燥時平均重量：560kg/m³

オベシエ
Triplochiton scleroxylon

別名：アヨウス（カメルーン）、ワワ（ガーナ）、オベチ、アレレ（ナイジェリア）、サンバ、ワワ（コートジボワール）

原産地：西アフリカ

木の特徴：大型の木で、高さ45m以上、重い板根上部の幹の直径約1.5mになることもある。

木材の特徴：細かで均等な肌目。軽量で耐久性はない。通直木理、交錯木理の両方が見られる。辺材と心材に目立ったちがいはない。どちらもクリーム色がかった白からごく薄い黄色だ。

一般的な用途：内装建具、家具、抽斗の底、模型、合板

作業性：刃先を鋭く保っていれば、柔らかい材は手動あるいは電動工具使用で容易に扱える。接着はよい。

仕上げ：ステインと相性がよく、つや出しでよい仕上がりが得られる。

乾燥時平均重量：390kg/m³

広葉樹材

● 絶滅危惧種

アメリカン ホワイトエルム
Ulmus americana

別名：ウォーターエルム、スワンプエルム、ソフトエルム（アメリカ合衆国）、オーハムウッド（カナダ）

原産地：カナダ、アメリカ合衆国

木の特徴：中型から大型の木。通常高さ27m、幹の直径500mmに達するが、生長条件のよい場合、さらに大きくなることもある。

木材の特徴：粗い肌目。耐久性はない。強度はあり、イングリッシュエルム（右の項目を参照）より強固。イングリッシュエルムと同じく、蒸煮曲げ加工によい。通常通直木理だが、交錯木理もある。心材はごく薄い赤みがかった茶色。

一般的な用途：造船、農作業用具、桶、家具、単板。

作業性：刃先を鋭く保っていれば、手動あるいは電動工具を使用して容易に扱える。満足のいく接着ができる。

仕上げ：ステインと相性がよく、つや出しで満足いく仕上がりが得られる。

乾燥時平均重量：580kg/m³

ダッチエルム
Ulmus hollandica/U.procera

別名：イングリッシュエルム、レッドエルム、ダッチエルム、コークバークエルム

原産地：ヨーロッパ

木の特徴：比較的大きな木。高さ45m、直径2.5mに達することもあるが、エルムは通常直径が1mに達すると、伐採される。

木材の特徴：粗い肌目。ベージュがかった茶色の心材ははっきりした交錯木理で、板目挽きにすると魅力的な木目が現れる。耐久性はない。ダッチエルムはイギリスニレムより強固で、生長が早く、よりまっすぐな木目で、蒸煮曲げ加工により適している。エルム立ち枯れ病のために、この木は供給が不足するようになった。

一般的な用途：高級指物、ウィンザーチェアの座面と背板、造船、挽物、単板。

作業性：交錯木理の木材は作業がむずかしい。かんながけは特に困難。しかし、なめらかな表面に仕上げることができる。接着はよい。

仕上げ：ステイン、つや出しと相性がよく、特にワックス仕上げが最適。

乾燥時平均重量：560kg/m³

広葉樹材

Chapter 3　単　板

単板はシート状の薄い木材で、構造用や装飾の目的で丸太を切断したりスライスしたものだ。天然の色や木目を利用するか、それとも決まった形に加工するにしろ、単板には家具や木工では他にない価値を持つ。

WOOD VENEERS

単板

単板の製造

　基礎的な加工における安定した木質ボードの普及、さらに最新の接着剤の進化に伴い、今日の単板製品は目的によってはむく材より優れている。高度に機械化された生産技術はますます高まっていく単板への要求に応えてくれる。

丸太を選ぶ

　単板製造におけるどの段階でも、専門家の知識が必要とされる。製造過程はまず単板になる前の丸太を利用する丸太のバイヤーが行動を起こすところから始まる。バイヤーは外側を観察しただけで、丸太の状態と、単板として売り物になるかどうかを判断する能力と経験をもっていることが必須となる。丸太の切断面を見ることで、バイヤーは木材の質と単板に現れるであろう杢、色、辺材と心材の割合を判断する。染みの存在や大きさ、あるいは脆弱さや、裂け、入り皮、過度な節、樹脂道（樹脂溝）といった欠点といった要素も丸太の価値や単板への適応性に影響するため、同様に考慮に入れなければならない。
　こうした情報の多くは丸太の長手方向に一次製材することで、明らかになる。しかし、丸太は製材する前に購入しなければならないのだ。

化粧単板のウォールパネルとモールディングを施した合板の座面

裏割れ

　単板をスライスする機械は巨大なかんなのように丸太を切断していく。この切削は精度が高くスムースに行われねばならない。切削面の品質はプレッシャーバーとナイフの調節によって決まる。裏割れとして知られる細かな割れが、特にロータリー切削の際に単板裏面に入ることがある。

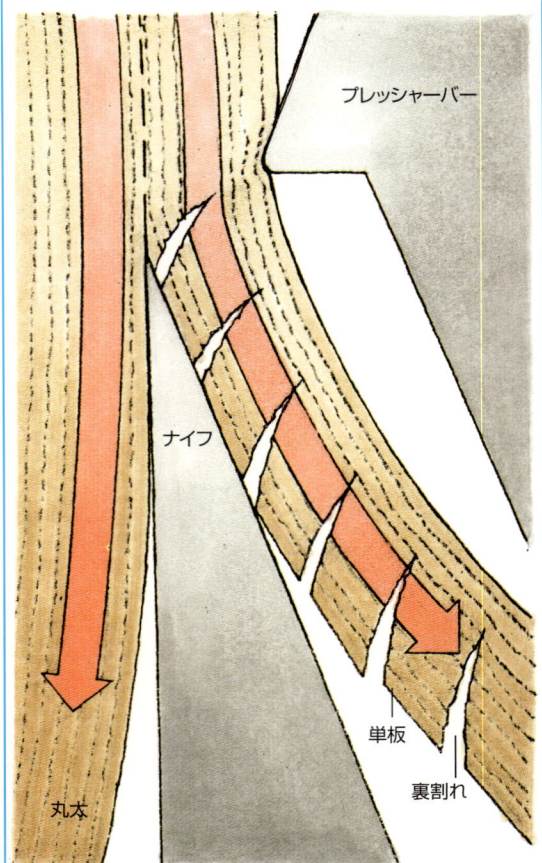

プレッシャーバー
ナイフ
単板
裏割れ
丸太

単板裏と単板表

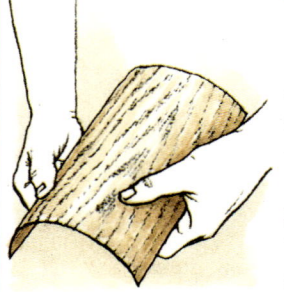

　単板の裏面は、単板裏（オープンフェイス／ルーズフェイス）と呼ばれ、その裏の面が単板表（クローズドフェイス／タイトフェイス）と呼ばれる。面は木目に沿って単板を曲げてみると区別がつく。単板裏が凸面になっていると、大きく折れる。単板はできるだけ単板裏を下向きにして重ねるように——わずかに粗いほうの面は単板表ほどよい仕上がりが望めない。常にこうすることが可能ではないが、単板を合わせて重ねる際は交互に単板を裏返すことが必要になる（99ページを参照）。

丸太の処理

丸太は熱湯に浸すか蒸気にあてて柔らかくしてから、単板にする。切削方法に応じて、丸太をそのまま処理するか、あるいは最初に大型の帯のこでフリッチに挽いていくかする。

軟化の時間は木材の種類と硬さ、切削したい単板の厚さによって調整する。数日から数週間かかることもある。

メープルやシカモアのように色の薄い木材には、軟化作業によって単板が変色する危険があるため、この過程を省くものもある。

単板に切削する

バイヤーの次に登場する製造の専門家は単板加工者だ。高品質の単板が最大限に採れることを目的に、丸太をどう製材するか最適な方法を決める人物である。

ほとんどの単板用丸太は根と最初の枝のあいだのもっとも太い幹の部分をカットしたものだ。樹皮は取りのぞかれ、丸太は釘や針金といった外部からの障害がないかどうか確認される。

化粧単板が切削されると、スライサーから取りだされ順番に重ねていく。この束、あるいはセットは等級づけの前に、機械を使った乾燥過程を経ることになる。

ほとんどの品種はクリッパーにかけられ一定の形状や寸法にカットされていくが、中にはユーや根株単板のように丸太から切削したままで置くものもある。

化粧単板の等級付け

単板は寸法、品質によって等級がつけられる。この過程では、自然のあるいは伐採時の欠点、厚さ、色、杢の種類、その他がチェックされ、これに準じて値がつけられる。1本の丸太から採れた単板でも、さまざまな値がつく。質がよりよく、より幅広い単板は表板品質単板として等級づけされ、幅が狭く裏側の質が劣っていたり、あるいは傾いている単板より価値がある。

単板はさまざまな目的に見合うよう4枚ひと組みにして、16、24、28、32枚の束で梱包する。梱包されたものはふたたび順番に積み重ね、こうしてふたたび集めた丸太は販売を待って温度を低く保った倉庫に保管する。

構造用単板製造の各段階（上から下へ）
むいて乾かした単板がシート状になって続く
切削して乾かされた単板を調整している
（オートメーションでおこなうことも多い）
圧締して合板とする前に、糊づけして重ねられている単板

単板 | 切削方法

単板に切削するには、3つの基本方法がある。鋸挽き、ロータリー切削、突き板切削（スライス切削）だ。後者の2つの方法には、バリエーションもある。

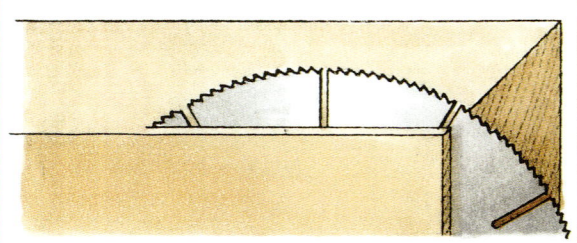

鋸挽き

単板スライスの機械が発達するまでは、すべての単板は最初は手挽きのこ、次に電動丸のこを使って切削されていた。こうして採れる単板は比較的厚く、およそ3mm厚さだった。

鋸挽きでの単板は今でも大型の丸のこを使用して製産されているが、リグナムバイタのようにとても硬い木、縮れ杢のような交錯杢理、あるいは、通常はむだの多い過程ではあるが、鋸挽きがもっとも経済的な場合にしか使われない。鋸挽きの単板は通常、厚さ約1～1.2mmだ。

作業所の帯のこあるいは丸のこは、積層材用のラミナを作るために使用されることもある。特にこの方法が経済的で、より目的に合った材料が供給できる場合だ。

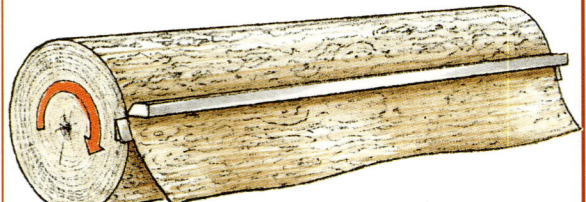

ロータリー切削

針葉樹材、1部の広葉樹材で構造用単板を作る際にもちいられるおもな方法だが、ロータリー切削は、バーズアイメープルのような化粧単板を製造する際にも、もちいられる。

完全な丸太を巨大なロータリーレースに取りつけ、この機械で単板をシート状に途切れることなくむいていく。丸太はプレッシャーバーや機械の全幅に渡るナイフと反対方向に回転する。ナイフはバーのすぐ下にセットし、単板の厚みで前に動かす。"裏割れ"（84ページを参照）を防ぎたければ、バーとナイフのセットの調整が重要である。丸太が回転するごとに、単板の厚さによってナイフは自動的に進む。

この方法で作られた単板は、連続的に接線方向に切削され、年輪に沿ってスライスすると現れるはっきりした流紋状の木目でそれと見分けられる。

ロータリー切削はどんな幅にも切削できるため、特に木質ボードの生産に適している。

心外しロータリー切削

ロータリーレースに軸をずらして丸太をセットし、偏心した切断面が得られるもの。両端に辺材の入った幅広い装飾単板を採ることもできる。こうすることで、突き板切削した典型的なクラウンカット単板のような木目が出る。

突き板切削の広葉樹単板

ハーフラウンド切削

ロータリーレースの中心に丸ごとあるいは半分に割った丸太を取りつけたものは、"ステイログ"と呼ばれる。ステイログから単板を切削すると、偏心で取りつけた丸太よりも、狭い角度でスライスされるが、それほど幅広くはならない。木目は突き板切削したクラウンカット単板に近い。

バックカッティング

"バックカッティング"は半円の丸太を、心材が外を向くようにステイログに取りつけたもので、装飾的な木目の根やカール単板の切削に使用される。

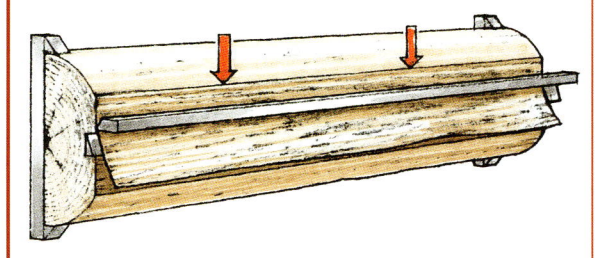

突き板切削（スライス切削）

突き板切削法は化粧広葉樹単板を採る際に使う。丸太はまず、長さ方向に2つに割り、杢をたしかめる。必要な杢のタイプによっては、それからフリッチにどんどん切っていっていくのもいいだろう。杢の性質は丸太の製材と突き板切削用刃の取りつけ方にかかっている。突き板切削単板の幅はフリッチの寸法によって決まる。

半割りのスライスフレームに垂直に取りつけられる。プレッシャーバーとナイフは木材前面へ水平にセットし、フレームの下向きに動かすたびに、単板を1枚ずつむいていく。機械の種類によっては、ナイフあるいはフリッチを切削ごとに必要な厚さにセットしなおす。突き板切削した半円丸太では、通常、高級指物に使用されるクラウンカット単板が採れる。この方法では、正接でカットしたフラットゾーンの板と同じ木目が出る。

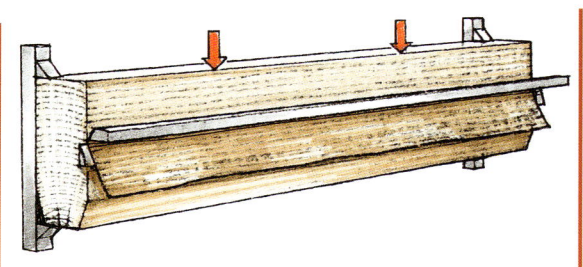

柾目突き板切削

柾目あるいは柾目に近いフリッチを半径方向に切削すると、はっとするような魅力的な杢が現れる。柾目のフリッチを切削方向と放射方向が合うようにセットし、単板を極力多く採れるようにする。

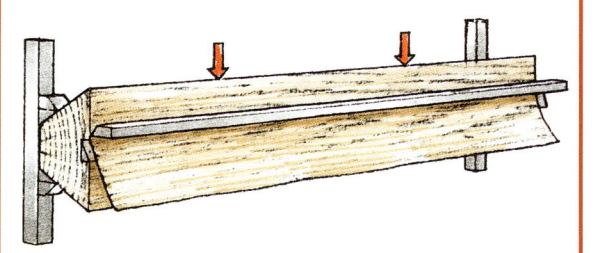

板目突き板切削

柾目フリッチが、接線方向挽きの板目突き板単板を採るようにもセットできる。半円の丸太から採るクラウンカット単板ほど幅広にはできないが、魅力的な杢が出る。

単板

単板

単板の種類

単板の杢は、木材本来の姿と切削方法の両者に関係がある。その表現は"クラウンカット"のように切削方法を指すこともあれば、"瘤"のある単板のように木のどの部位から単板をカットしたかを指すこともある。ほとんどの化粧単板は厚さ約0.6mm、"構造用"単板は1.5〜6mmにカットする。

単板を購入する

1枚として同じ単板はなく、他の木材から採った梱包にある単板同士は柄も合わない。だから綿密な見積もりが必要な場所では、かなりむだが出ることも見越しておこう。

単板厚さはメートル法で示されるのに価格は伝統的に平方フィート単位で表示される。業者によっては1片当たりの価格で供給する。

単板は柄合わせのためにスライス順に保管してあることがほとんどで、単板や製品の束は一番上から販売される。ほとんどの地域で、業者は好きな単板を選ばせてはくれない。そうすると残りの単板の価値を下げてしまうからだ。

通信販売の単板

郵送での単板の注文は、通常は丸めて配達される。瘤やカール単板のように小型の板はたいらに梱包されるだろう。こうした板でも、丸めた単板と一緒に注文した場合は、湿らして折れないように曲げて配達されることがある。

丸めて梱包されたものは、そっと開けること。開ける際に裂けたり、内側のもろい単板を痛めないようにするためだ。とくに明るい色の木材での木口割れは、汚れが裂けた箇所から入り込まないように、粘着性の紙テープでただちに修理しなければならない。

荷ほどき後、まだ丸まっている単板はやかんの湯気をあてるか、水を張ったトレイにつけて、チップボートにはさんで圧迫するとよい。そのまま放置すると白カビが生えるので注意。

木材は日光に敏感で、品種によって色が明るくなったり、暗くなったりする。単板はたいらに収納し、埃や強い日射しを避けるように。

単板を調べる

ざらざらしたあるいは溝のある木目、割れ、裏割れ、欠けた刃先でついたナイフの跡、虫食いの穴、気孔のつまりといった欠点がないか、じゅうぶんに調べること。

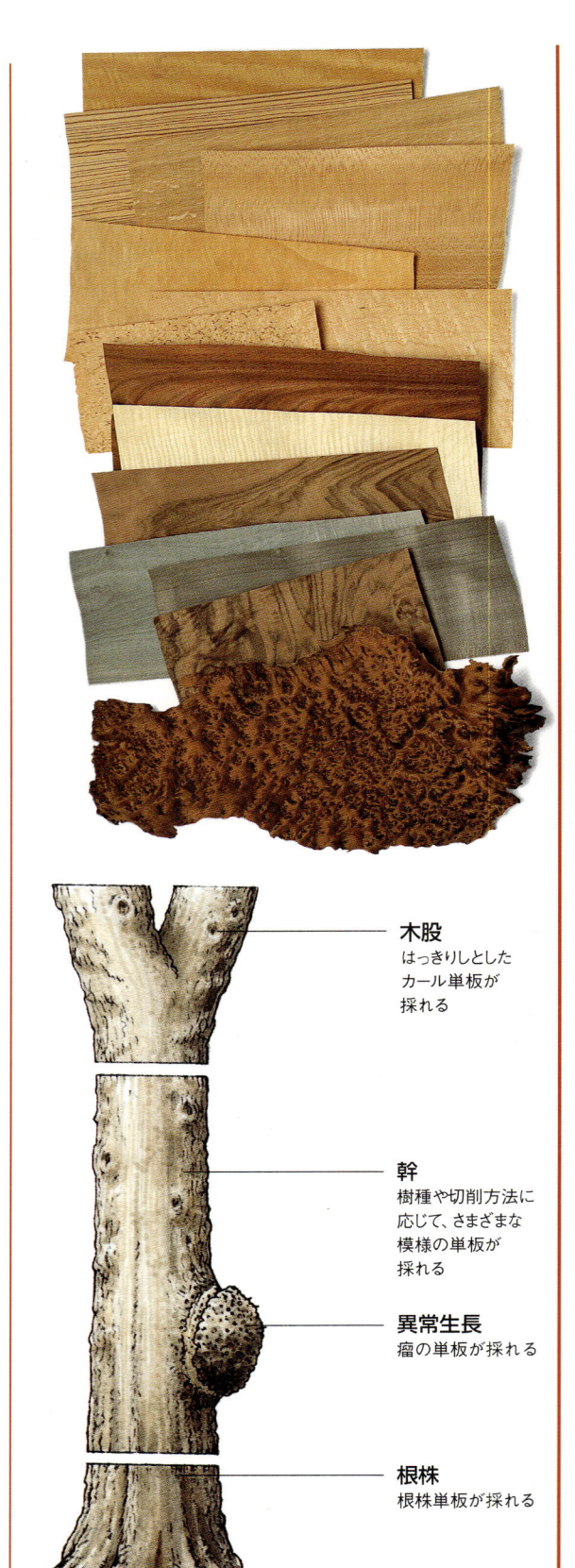

木股
はっきりしとしたカール単板が採れる

幹
樹種や切削方法に応じて、さまざまな模様の単板が採れる

異常生長
瘤の単板が採れる

根株
根株単板が採れる

瘤部の単板、瘤杢単板

瘤は幹の異常生長した部分だ。この部位からカットしたもろい単板には、きつく詰まった芽の構造が輪や点として現れ、魅力的な模様を作っている。瘤部の単板は家具、挽物、小型の木製品用に重宝されるから、やや高価だ。さまざまな寸法の不規則な形で、長さ150mm～1m、幅100～450mmで流通している。

根元部分の単板

根元部分の単板は根株から切削される。ロータリーレースで半円にカットすると、不規則な木目がとても独特な模様の単板が採れる。もろい単板で、小さな破片が抜けた部分は穴があくこともある。とても小さな穴を修復するには、単板を置いて似た色のフィラーをつけるとよい。

上から下へ
エルムの節、チュヤの節、アッシュの節

木の部位 瘤

切削方法 ロータリー切削か板目突き板切削

上から下へ
アメリカンウォールナットの瘤杢のある単板、アッシュの根元部分の単板、アメリカンウォールナットの根元部分の単板

木の部位 根元部分

切削方法 ロータリー・バックカット

単板

単板

クラウンカット単板

　接線方向切削、つまり板目突き板単板は、クラウンカットと呼ばれる。太くうねるカーブと単板の中央に沿った楕円形、そして端近くの縞状の木目が織りなす模様が魅力的だ。長さ2.4m以上の単板となる。樹種に応じて幅は225〜600mm。クラウンカット単板は家具製作、内装壁材に使われる。

ちりめん杢単板

　ちりめん杢単板は波状杢の木材から採られ、単板の幅方向に走る明るい帯と暗い帯が現れている。"フィドルバック"のシカモアと縮れ杢のアッシュが代表例だ。フィドルバック杢は、その名のとおり、ヴァイオリンの背の製作に使われることから名づけられた。ちりめん杢単板ははっきりした水平方向の装飾的な効果を活かして、たとえばキャビネットの扉やパネルにもちいられる。

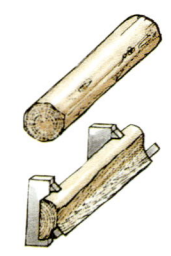

左から右に
クラウンカットのキングウッド、クラウンカットのブラジリアンローズウッド、クラウンカットのアッシュ、クラウンカットのアメリカンウォールナット

木の部位　幹

切削方法　突き板切削

左から右に
フィドルバック杢のシカモア、リップルアッシュ

木の部位
幹

カット方法
板目切削突き板切削

カール単板

　幹が分岐する木の"また"を縦切削すると、カール単板の魅力的な杢が現れる。不規則に分岐する木目は光沢があり、上むきにうねっていく羽毛のような模様となるため、"羽根状杢"と呼ばれている。このはっとするような木目は、キャビネットの扉のパネルにしばしば使われる。カール単板は長さ300mm～1m、幅200～450mmで手に入る。

上から下へ
カール杢のマホガニー、カール杢のヨーロッピアンマホガニー

木の部位
また

切削方法
ロータリー・バックカット

フレーク杢単板

　さまざまな珍しい模様が出る単板は、異常生長をした広葉樹の丸太からロータリー切削して得られる。バーズアイメープルやメイサーバーチがよく知られる例だ。たとえば、メイサーバーチのはっきりした茶色の印は、木に穴を開ける虫が生長していく木の形成層を荒らすことによってできる。不規則な木目がある木材からも、"泡杢"や"キルト状杢"といったフレーク杢単板が採れる。

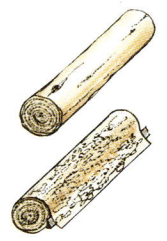

左から右へ
キルト状杢のマコレ、メイサーバーチ、バーズアイメープル、キルト状杢のヤナギ

木の部位　幹

切削方法
ロータリー切削（ピーリング）

単板

91

放射杢単板

　柾目板にすると、オークやシカモアといった目立った放射組織をもつ木材は、はっとするような杢を見せる。柾目板にしたシカモアの単板には、斑紋杢、あるいは細かな波状杢が現れ、これはレースウッドとして知られている。オークのくっきりした幅広の放射組織は、虎斑や飛沫の杢目を生みだし、家具製作やパネルにずっと重宝されてきた。放射杢単板は樹種に応じて、長さ2.4mまで、幅150～350mmで流通している。

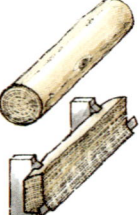

縞杢、リボン杢単板

　放射状の丸太を柾目挽きで年輪の幅を横切るように切削すると、柾目板単板は通常、縞杢かリボン杢となる。縞の柾目板単板は長さ2.4m以上、幅150～225mmとなる。逆旋回木理（逆らせん木理）を生じた木材では、縞は細胞の反射性の方向と見る角度に応じて（正面の細胞は光を吸収する）、明るい部分から暗い部分までが変化して見える。

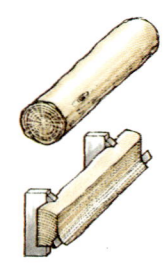

左から右へ
柾目板のシルキーオーク、柾目板のレースウッド、柾目板の虎斑オーク

木の部位
幹

切削方法
柾目突き板切削

左から右に
縞杢のゼブラノ、リボン杢のサペリ、リボン杢のアヤン

木の部位
幹

切削方法
柾目突き板切削

カラー単板

　特殊な単板店では、シカモアやポプラのような明るい色の木材に人工的に染色したものを販売している。ヘアウッドはシカモアを化学薬品で処理したもので、シルバーグレーからダークグレーまでの色となる。他の色は最大限の浸透性を得るために、染色剤を圧入処理して作られる。

左上から時計回りに
ターコイズに染色した単板、青に染色した単板、化学薬品で処理したヘアウッド、緑に染色した単板

染色方法
シカモア材は硫酸鉄の溶液に浸す。市販の染色単板はオートクレーブで処理されている。

再構成単板

　色、木目、模様の華々しい効果は、コンピュータ処理を利用することでも引きだせる。スキャニング、染色を含む技術で処理された単板が高圧で接着され一つのブロックにされる。それをふたたび従来の化粧単板のようにスライスしたりとさまざまなことができる。1枚の単板は幅700mm、長さ2500〜3400mm、厚さ0.3〜3mmで製作される。

上から下へ
幾何学的な縞模様、モザイクの幾何学模様、羽毛杢目模様、クラウンカット模様

製造方法
圧縮単板

切削方法
突き板切削

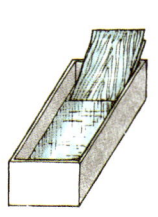

単板

単板 | 線と縁取り

　精選された木材は、化粧象眼の線と縁（ふち）取りの生産に使われる。通常、長さ1mで販売されているものだ。使用される木材と寸法がロットごとに異なる可能性があるため、1つの計画で使用するぶんは多めに購入しておくに越したことはない。

ストリングライン
　単板の境界部分に使われる細い木材の細片は、ストリングラインと呼ばれる。たいらな部材と四角い部材でできており、四角は端の象眼に使われており、異なる種類の単板、あるいは木目の方向が変わる部分を仕切る明るい、あるいは暗い線としてもちいられる。伝統的にボックスウッドやエボニーが細い象眼帯の製作にもちいられてきたが、現在は黒く染色した木材のほうが普通になっている。

縁取り
　色のついた木材の板面の部分を貼りあわせ、スライスして装飾的縁取りにしたものだ。厚さ約1mmで、幅はいろいろ選べる。装飾目的の仕切り線にもちいられるものが用意されており、ボックスウッドや黒く着色した象眼帯でできている。添え心（単板）は木目を横切って切削した単板の細片で、パネルの縁取りに使用される。作り方としては、パネル本体に使われた単板でも、他の適当な通直木理単板から作ったものでも、どちらでもいい。

ストリングライン

縁取り

単板を貼る道具

基本的な木工作業の工具セットには、単板を貼る作業にも使用できる工具が含まれているはずだ。メジャーやマーキングの工具、糸のこ、かんな、豆かんな、金属製かんな、のみ、スクレーパー、研磨の道具がそうである。単板貼り作業専用工具の多くは、品揃えのよい店や専門店で手に入る。作業台のように、作らなければならない道具もある。

単板加工用道具の一例。上から反時計回りに。

接着剤容器
二重になった接着剤容器は、熱いニカワを使ったむかしながらの方法で単板を重ねていく際に使用する。外側の容器には水を入れて熱し、内側に入れたニカワが必要な温度を保ち、また、燃えないようにしておく。ややむかしの容器は鋳鉄で作られているが、現在のものはほとんどアルミ製となっている。ガスや電気といったエネルギー源でこれを熱して使う。温度調節できる電気式の容器もあるが、かなり高価だ。

歯つきかんな
歯つきかんなは糊づけ準備として、素地調整表面を"ざらつかせる"ために使われる。刃はほぼ垂直に取りつけられ、前面は美しく溝がつき、裏面の斜めの部分は刃を横切る歯の跡がつく。歯は細挽きのこに似ている。歯は斜めに研いで鋭くする。

単板パンチ
単板の欠点の修理に使われる単板パンチには、8つの寸法がある。不規則な形状のカッターは、欠点のある単板と似ている単板を同じパッチに穴をあける道具だ。カットされたパッチは排出器から押しだされる。

単板ピン
大きなプラスチックの頭がついた細く小さなピンは、一時的に単板を止めておくために使われる。その際、継ぎ目はテープ留めしておくこと。

単板のこ
単板のこは直定規を使って単板をどんな厚さにでもカットするものだ。正確な継ぎ手で合わせた単板に求められるくっきりした角になる。二枚刃はリバーシブルで、細い歯にはアサリがない。

ナイフ類
とがった刃にフィットする外科用メスか工芸用ナイフで、複雑な形をカットできる。刃は両側を研いで"V字"のカットができるようにする。単板の端を四角にカットしなければならない場合、ナイフを直定規から直角に保つ。強いのみの腰をもつナイフが直線切りに使われる、特に大きな力が必要な場合にいい。

定規、直定規
金属製の定規は細かな作業には直定規として、二重に使い道がある。プレス加工したスチールの"安全定規"は作品をはさむ端がついており、カッティングガイドとして使用する際に滑りにくくなっている。中央に沿った溝のおかげで指も安全だ。こうした定規はセンチ、インチの目盛りがついている。スチールの直定規は長めの単板をカットする際に使う。

単板テープ
粘着性の紙テープは、新しく重ねた単板の継ぎ目が収縮のためにひらくことのないよう、単板同士を留めておくために使う。ニカワが固まったら、湿らせてこそぐとはがれる。

電気アイロン
むかしからある家庭用電気アイロンが、素地調整のニカワを柔らかくするために使え、また、単板をたたくときにも使える。

単板ハンマー
手作業で重ねる単板に使われる木製ヘッドの単板ハンマーは、丸くした真鍮の刃が広葉樹の押さえに取りつけてあり、取っ手がついている。メタルヘッドのハンマーはむかしからあるタイプによく似ているが、ヘッドは泡を押し出すために設計されたものだ。

トリミング工具
単板のトリミング工具は、パネルの端周辺の不要な単板を取り去るためのものだ。従来の工具では、短いのみ状の刃が転用でき、単板の木目に沿って、あるいは横切ってきれいにカットすることができる。

カッティングマット
専用のカッティングマットは、セルフシールのゴム製だ。ナイフの刃先が表面を切っても、永久にあとが残ることはないし、刃先がにぶくなることもない。ハードボードのような細かな表面の木質ボードもよい代替品だ。

単板

下地材の調整

　"下地材"——単板を貼りつける土台になる材料——は、単板本体の選択と同じぐらい重要だ。たいらであろうと、カーブしていようと、下地材調整はきず跡や埃のない、なめらかで、均等な表面でなければならない。薄い単板では、表面の欠点や不均等は隠せしない。実際は、"そっくり知らせてしまう"わけで、研削仕上げの場合はなおさらだ。

下地材を選ぶ

　単板家具の基盤にはマツかマホガニーを使用する伝統があるが、むく材は単板にとって理想的な下地材にはならない。湿度の変化のために"動いて"しまうからだ。だからあらかじめ調整しておくことが大事で、幅広のパネルを作る際はとくにそう言える。これまで長く、木質ボードがこの役割を支えてきた。（106〜114ページを参照）安定性があり、調整しやすい。たいらで研削された表面でできており、大きなシートで得ることができる。

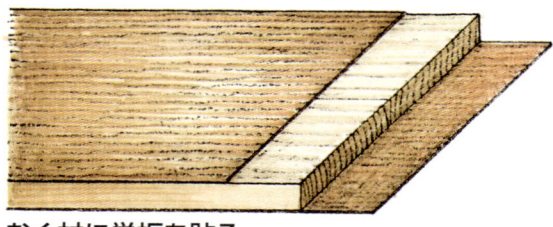

むく材に単板を貼る

　単板とむく材は一緒に"動き"、さらに安定性を増すために、むく材の木目に沿って単板に重ねなければならない。柾目の板がもっとも安定性があり、幅、厚さ方向にごくわずかしか収縮ない。板の両側に単板を貼ることが最適で、均等なバランスを保つことになっている。

　しかし、板目の板の片面だけに単板を貼るのなら、常に"木表"の面にすること。接着剤が乾いたら、単板はボードを平らにしようとし、"幅ぞり"しようとする性質に抵抗する。

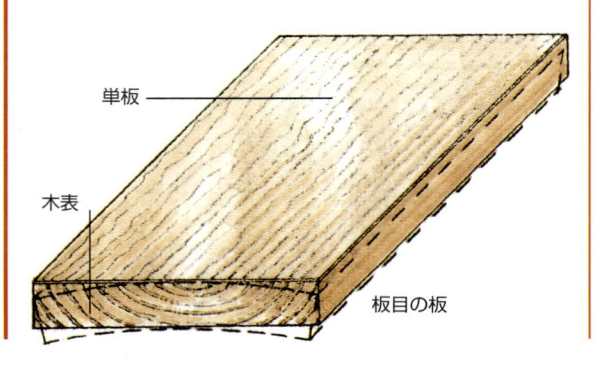

単板
木表
板目の板

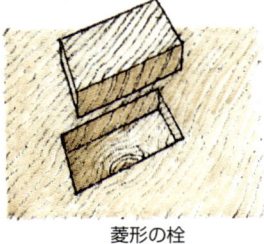

欠点の修理

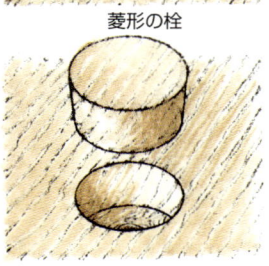

　できるだけどの部分にも欠点のない木材を選ぶべきだが、小さな節のように避けられない欠点は、切りだすことができる。穴は木目の合った菱形や丸の栓でふさぐとよい。栓が板よりわずかに厚かった場合は、糊づけ後にかんなでならせばよい。

菱形の栓

丸い栓

積層板の準備

　適度な寸法にカットしてあるだけでなく、木質ボードはすぐに使える状態で販売されている。一方積層板の表面は、ざらつかせサイジングする必要がある。表面にする単板の木目が下地の板と同じ方向に走っている場合、芯になる中間の単板は板と交差する木目で走るものをまず貼りつけなければならない。

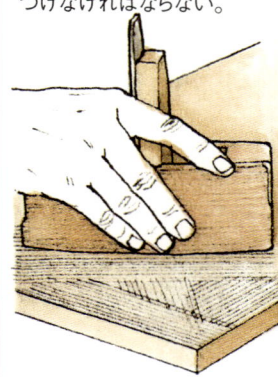

表面をざらつかせる

　接着剤のつきをよくするために、むく材、あるいは積層板の下地はざらつかせる必要がある。歯つきかんなを斜め方向に前後に動かすか、テノンソーで表面を横切るように引く。出てきた木屑はサイズを塗る前に吸塵機で吸いとる。

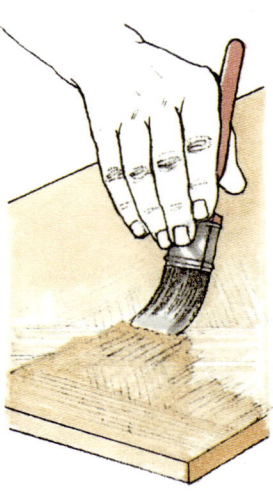

表面にサイジング

　サイズは温めたニカワを水で希釈したものだ。割合はニカワ1に対して水10だ。壁紙用の低温糊でも代用できる。サイズはざらつかせた表面に均等に伸ばし、端にも忘れずに塗ること。サイズの吸収率は使用する板の種類によって異なる。サイズがじゅうぶんに乾いたら、軽くやすりをかけて塊を取り去っておく。

曲面の下地材の調整

柔軟性のおかげで、単板は曲線を描く面にも貼ることができる。木目に沿って簡単に曲げることができ、きついカーブでも湿らせば曲がりやすい。下で紹介する方法にくわえて、曲面の下地材は厚い構造用単板を積層することでも成型できる（34ページを参照）。

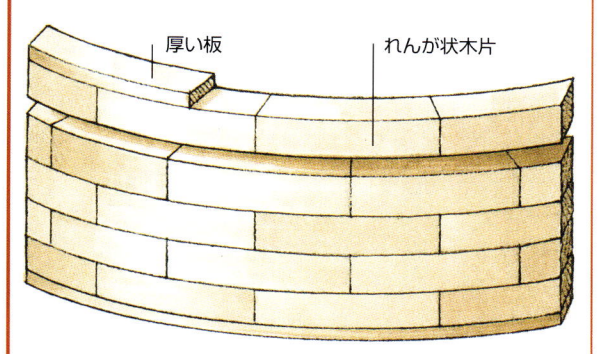

厚い板　　　れんが状木片

れんが積み

"れんが積み"は曲面の下地材を作る伝統的な方法だ。弓なりになった抽斗前面のように、木材の形がむだになりそうな部分に使う。さらに、短い繊維の集合なら部材の弱さを最小に押さえることができる。この方法では、木材の繊維はほぼ曲線の方向に沿うことになり、目切れなど弱い木目についてまわる問題を取り除くからだ。

短い"れんが状木片"はむく材から切削し、木口と木口を接着して曲面を描く"層"にしていく。従来のれんが積みと同じように、それぞれの層のつなぎ目は、次の層のれんがで補強するように積む。その後、この下地材にかんなをかけてなめらかにする。

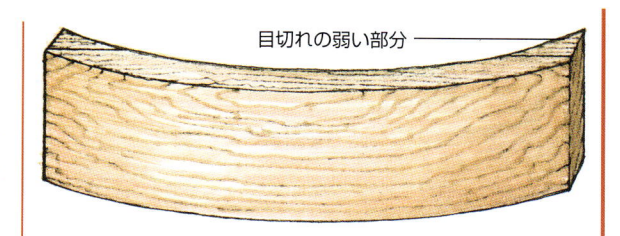

目切れの弱い部分

むく材を曲げる

むく材を帯のこで切削して、わずかな曲面をつけた小さな下地材を作ることもできる。コンパス式かんなと南京がんなで曲線の表面をなめらかにし、それからざらつかせる。
切り取られた板の残りはぶ厚いフェルトをつけて、単板を重ねるための当て板に使える（103ページを参照）。

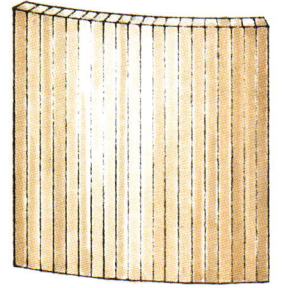

樽状構造

弓なりになった扉のように、さらに大きな部材用の曲面を持つ下地材を作るには、傾斜した側面同士を接着して板で構成することができる。各材の側面に必要な角度になるまでかんなをかける。それから糊づけして、台に載せられた特殊なジグで曲線を押さえる（下の図を参照）。固定されたら、表面にコンパス式かんなをかけてならし、当て板を使って添え芯板を積む準備をする（102ページを参照）。

小さな部材用に反りの少ない曲面を作るには、粘着テープを使ってクランプしてもよい。

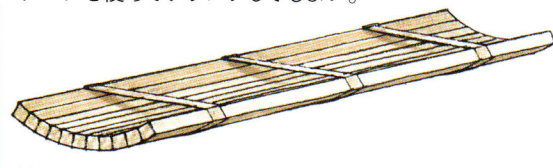

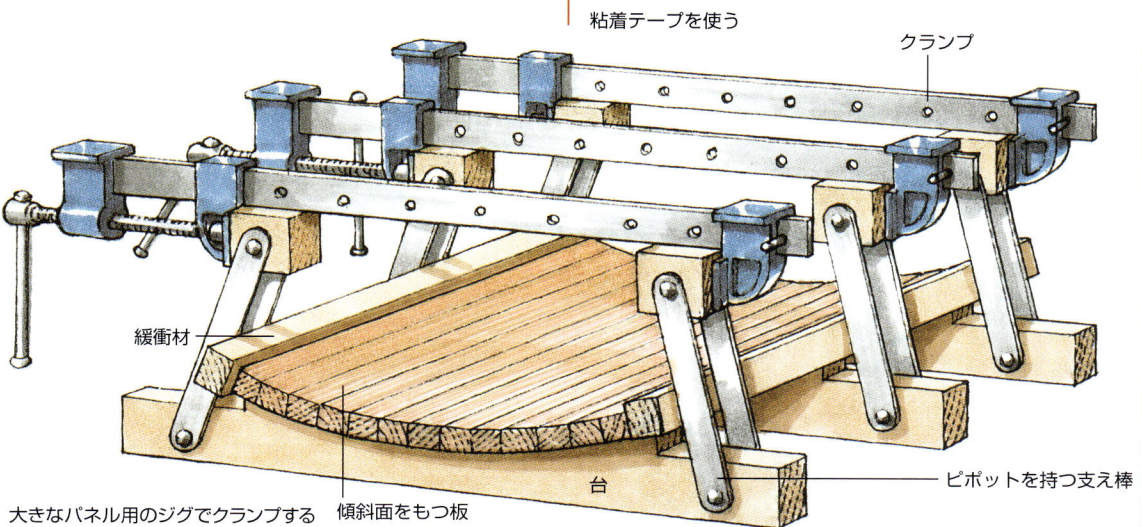

粘着テープを使う

クランプ

緩衝材　　　　　　　　　　　　　　　　　　ピポットを持つ支え棒

大きなパネル用のジグでクランプする　　傾斜面をもつ板　　台

単板

単板の準備

単板を使えば、木工作業者は木材の装飾的な要素に集中することができる。作品に必要な強度の構造は下地材に頼ればいいからだ。

単板を選んだらすぐさま、単板の杢と色をそのまま適用するか、それとも切削して柄を合わせるか、いずれかの作業に取りかかることができる。

単板の保管と取り扱い

単板はもろい材料なので、常にじゅうぶんな注意を払って扱わなければならない。この場合、単板をたいらに保管し、販売されていたままの順番に並べておくことも含まれている。そうすれば柄合わせが容易になるからだ。単板は決して束の中間や底から引っ張りだして使ってはだめだ。使いたい単板の上の束を取り去り、順番に並べ替えておくこと。丸められない場合、長い単板は2名で扱い、動かしたほうがいい。

単板を平らにする

ほとんどの単板は作業の前に、平らにしなければならないだろう。これは貼る直前におこなうのがベストだ。

1 単板を湿らす

わずかに曲がっただけの単板ならば、やかんの湯気か、水に軽く浸すか、湿らせたスポンジで噴いて湿らすだけでよい。

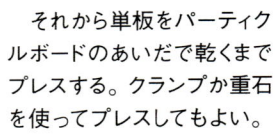

2 単板をプレスする

それから単板をパーティクルボードのあいだで乾くまでプレスする。クランプか重石を使ってプレスしてもよい。

接着剤を使う

反ったりもろくなっている単板を湿らせる際は、接着剤を使用してもよい。壁紙用の糊か、温めたニカワを水で希釈したもの（100ページを参照）を単板に薄く塗り、それから薄いポリエチレンシートを貼った板のあいだで、最低24時間プレスする。板を温めると、時間短縮できる。

柄を合わせる単板

下地材より狭い単板はつなげなければならない。単板の接合や柄合わせにはさまざまな方法があり、木目や色といった木材の自然な特徴をうまくアレンジして、装飾効果を生みだすことができる。

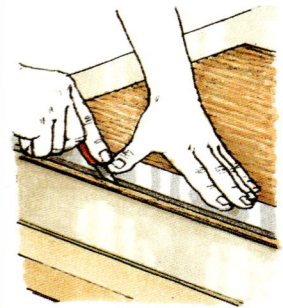

単板の接合

単板のはぎあわせ面はまっすぐにカットしなくてはならない。2枚の単板の柄が合ったら、端をぴったり重ねて置き、それから一時的にカッティングボードにピン留めしておく。カットする端の内側に直定規をセットし、ナイフかベニアソーで2枚ともカットする。

はぎあわせ面が合っているかどうかは、2枚を重ねて光に透かしてみるとチェックできる。わずかなずれでも、端を"削る"ことで取りのぞいておく。2本の通直な当て板にセットされたはぎあわせ面に沿って精密に調整されたベンチプレーンを動かす。

はぎあわせ面をテープ留めする

はぎあわせ面を合わせて並べ、だいたい150mmおきにその線に垂直にテープ留めしていく。それからはぎあわせ面の全長をテープで留める。テープが縮むにつれて、はぎあわせ面も引っ張られていく。

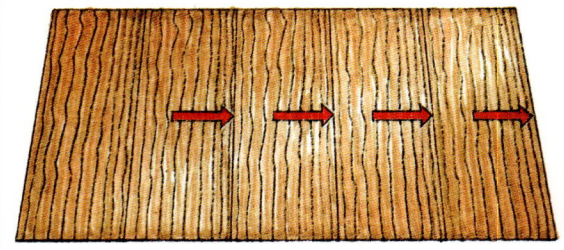

スリップマッチ

もっとも単純な柄合わせの方法は、狭い単板を使って幅広い単板を作ることだ。続き柄の単板を横に並べ、木目の方向を変えずに留めていく。

スリップマッチには、縞のある単板を使い、つなぎ目の線が目立たないようにする方法が最適だ。はぎあわせ面に対して平行にならない縞があってうまく合わない際は、木目を正しく合わせるために端を削って調整しなければならない。

ブックマッチ

連続する化粧単板2枚の木目が片端に偏っている場合、通常その単板はブックマッチで合わされる。

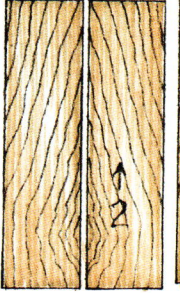

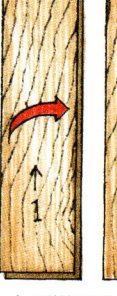

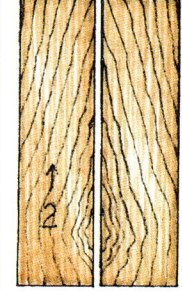

上の単板を左にめくる　　上の単板を右にめくる

単板をめくる

一番上の葉を、おもな木目の位置にしがたってめくる。つまり、木目が左に寄っていれば左へ本をひらくようにめくり、木目が右に寄っていれば、右にめくる。どちらの場合も、ずれて見栄えが悪くならないよう、木目の端を完璧に揃えること。

もく4枚ばり

ブックマッチの応用で、4枚の連続した単板使い、底の木目の中心を合わせて並べる方法だ。

垂直方向の端
水平方向の端

1　最初のペアをテープ留めする

2組の対の単板を順にブックマッチする。1枚ははぎあわせ面を軸に裏返し、模様が合うようにペアの板に合わせる。2枚目の単板をカットし、はぎあわせ面を合わせてテープ留めしてから、水平方向の端をきっちり揃えてカットする。

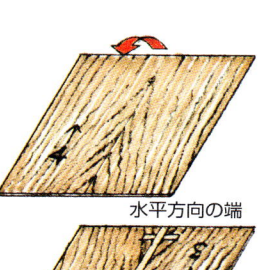

水平方向の端

2　2組目のペアをテープ留めする

2組目のペアも同様にブックマッチにあわせる。それから水平方向に沿って裏返す。両方のペアの水平方向の端を合わせ、木目が合う位置でカットする。それからテープ留めして、板にする。

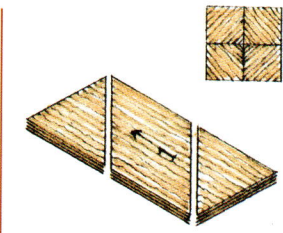

ダイヤモンドマッチ

4枚の連続した単板を重ね、長手方向の端を合わせる。木口の端から45度に伸ばした線を上下で平行になるように引き、そこをカットする。

1　V字型を作る

上から2枚の単板をブックマッチにして、上の対角線が逆さのV字になるよう逆さにする。それからテープ留めする。

2　矩形を作る

直角から直角へ、まっすぐな水平のカットを入れる。直角三角形のピースをV字の底に合わせて長方形を作る。

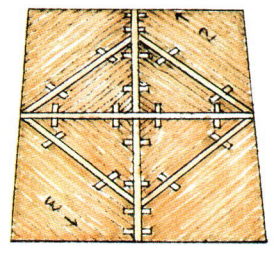

3　矩形を合わせる

残りの2つのペアは、4枚のピースの柄が合うように、裏返しておく。それから、先ほどの手順を繰りかえす。最後に中央をつなげば2つの矩形が合う。

柄の適合を確かめる

鏡を単板に垂直に立てて、表面を滑らせていけば、木目の見え方をチェックできる。最適なポイントがあったら、鏡の底の端に沿って切りこみ線を入れ、そこが切断線となる。

単板

手作業で単板を貼る

単板

手作業で単板を貼るために、温めたニカワを接着剤として使う伝統的な方法はいまも広く使用されている。現代のニカワは使いやすくなっているので、むかしほどの準備と経験は必要ではない。温めたニカワは作業後に何年経っても熱で柔らかくなるから、失敗を修正し、傷んだ単板を修復するのは比較的簡単な作業だ。

ここに紹介した作業は1枚の下地に単板を貼る方法だ。柄が合ったもろい単板は当て板を使って貼るのが最適だ（102ページを参照）。

単板をたたく

有効に単板をたたくには、温めたニカワを作業できる温度に保てるかどうかに大きく頼っているため、作業する場所の温度を暖かく保ち、埃が舞わないようにしておくこと。

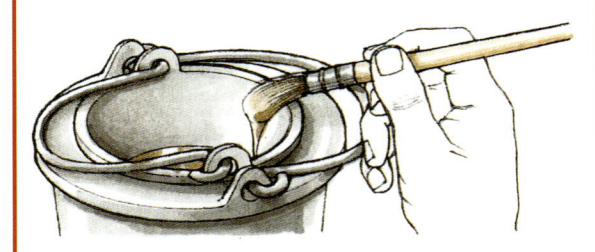

1 ニカワの準備

ニカワは液体状でも、事前に湿らすことが必要な粒状でも、二重のニカワ入れ（95ページを参照）に入れて約49℃に熱する。かき混ぜてなめらかにし、塊のない状態にする。粒に分離せず、ハケでうまく塗るためだ。ニカワは決して沸騰させないこと。また、二重のニカワ入れの外側に張った水が決して完全に蒸発しないようにする。

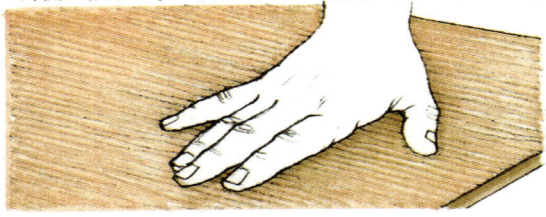

2 ニカワを塗る

薄く均等に、ニカワを下地材の両面にハケで塗ったら、余分なニカワが吸収されて接着が弱まらないようにする。それから2つのピースを放置する。ニカワがほぼ乾いてまだ粘り気があるうちに、単板を下地材に貼りつけ、手のひらでなぞっとなでる。

3 単板をプレスする

湯に浸したスポンジをよくしぼったもので単板の表面を湿らせ、孔を閉じてアイロンがつかえないようにする。熱したアイロンを表面全体にかけて、ニカワがとけて単板に染みこむようにする。

4 ハンマーを使う

単板ハンマーを使って下地材に単板をプレスする。中央付近から始め、ジグザグに端へと動かしていく。

5 両手を使う

とけたニカワと空気を単板の下から押しだすために、ハンマーを両手で押さえてさらに力を込める。重要なことだが、木目の横方向に強く押しすぎて単板を延ばさないように。

ニカワをふたたび温める

プレスしている途中でニカワが冷えたら、単板の表面をふたたび湿らせてまたアイロンをかけてから、プレス作業を続けたほうがよい。とけたニカワは、いらない布で固まる前に表面からふき取ること。

単板

水泡のチェック

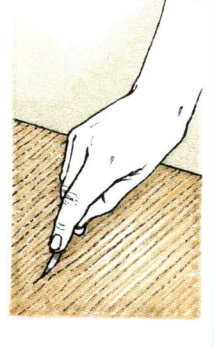

ニカワが乾いたら、単板の下に入った水泡は表面をツメでたたいていくと、あるかどうかたしかめられる。空っぽな音がしたら、アイロンと単板ハンマーを使ってふたたび単板を押そう。それでも問題が解決しなかったら、鋭いナイフを使って木目に沿って小さな切り込みを入れ、空気を逃がしてやってもいい。それから単板を押さえつけよう。

余分な単板をトリミングする

ニカワが固まったら、トリミング工具を使ってパネルの端を切りこんでいく。たとえば、パネルをたいらなカッティングボードに裏返して、鋭いナイフを使い、下地ごと余分な単板を切りこむ。単板の裂けを防ぐために、交錯杢理の場合は角から中央にむかって切りこまなければならない。

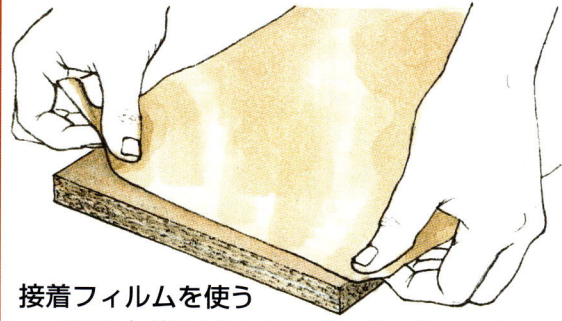

接着フィルムを使う

いまでは伝統的な温めたニカワの代わりに、接着剤を紙に塗りつけたフィルムがある。すぐ使える状態で販売されており、同じ手順でおこなえばよい。熱したときの反応はさらに向上している。接着フィルムは一般に通常のニカワを扱うよりも技術を必要としないが、瘤単板のようなむずかしい単板を扱う際は、やはりある程度の経験が必要で、当て板を使ってプレスするといいだろう（102ページを参照）。

1　フィルムを貼る

接着フィルムを下地より少々大きな寸法にはさみでカットし、裏返して置き、中程度の温度に温めた家庭用のアイロンを用いて、軽くたいらに押さえる。接着剤が冷めてきたら、裏地の紙をはがし、捨てずにとっておく。

2　単板を重ねる

単板をフィルムが貼られた下地材に重ね、保護のために、裏地の紙を単板の上に重ねる。それから、熱したアイロンで表面をプレスし、中心から外側にむけてゆっくりと動かす。プレスを裏側まで効かせるために、単板ハンマーかたいらな木のブロックを使って、ニカワが冷めるまで押し続ける。水泡は取り去り（左上を参照）、余分な単板は接着剤が固まってから切りこむ。

色のバリエーション

単板は眺める方向によって、明るくも暗くも見える。トーンのちがいは連続した単板を逆方向に並べてみると一目瞭然だ。

板を梱包から取りだす際に、番号と矢印を単板の表面にチョークで書いておくと、木目の方向とよりよい単板表とわずかに粗い単板裏の面の識別に役立つ。理想は単板裏の面を下地と合わせることだが、どうしてもと言うわけではない。

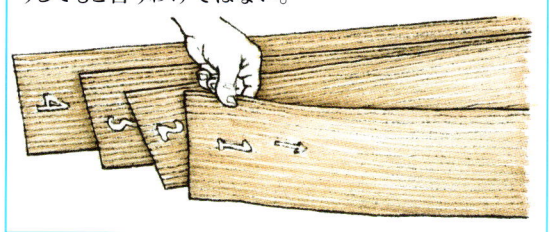

101

当て板で単板を圧締する

当て板は単板と下地材を中にしてクランプではさむ、平面の、あるいは曲面の硬い板だ。このプロセスは余分の作業、当て板とプレスを作る材料が余計に増えることを意味するので、当て板で単板を圧締するのは手作業で単板を貼るより複雑な仕事となる。しかし、テーピングで合わせた単板、あるいは瘤単板のようにもろい単板を貼るもっとも効果的な方法であり、下地材の両面に単板を貼る作業も同時にできる。さらに、広い曲面にも作業でき、冷間接着剤を"養生する"時間も取れる。

当て板の材料

製品の寸法と形状、そしてどこまで使用するかに応じて当て板の種類は異なる。ただ、全工程を当て板圧締するならば、当て板は単板にするパネルより大きなものにしておかねばならない。

小型の当て板

小さな、あるいは狭い平面の木材のプレスに使う当て板は、通常じょうぶな木材で作る。圧締は当て板の中心線に沿っておかれたクランプでおこなう。

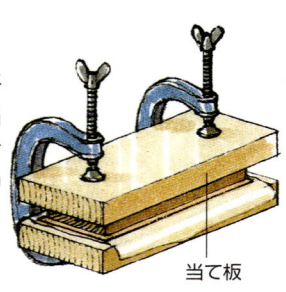

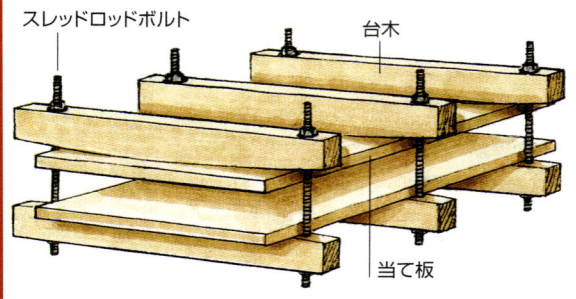

当て板

スレッドロッドボルト　台木

当て板

大型の平面な当て板

木質ボードで当て板を作る。しっかりした針葉樹の台木2組を準備。どちらもわずかに内側の面をカーブさせておく。それを使ってまず当て板中央を圧迫し、余計な空気とニカワを逃がしてやる。カーブになっているのは、台木の両端ではクランプを留めるからだ。プレスはクランプでおこなうか、スレッドロッド、ナット、ワッシャーで台木をボルト留めしておこなってもいい。中央の台木をまず締めてから次に両端と、外側へむけて作業すること。

長い当て板の支持

非常に長い材料に単板を貼る時は、当て板は1組の馬にまたがって置かれた板で支持される。

作業の準備

当て板で単板を圧締するプロセスにはいくつもの作業が必要だから、すべての材料をすぐ使えるように準備して時間の節約をしよう。作業台が手近になければ、脚立に板を置いて使ってもいい。

単板を貼る

単板を同時に片面に貼る場合、裏打ち単板を先にプレスしておかなければならない。ここに紹介した図は、同時に表・裏両方の単板を当て板で貼る場合だ。

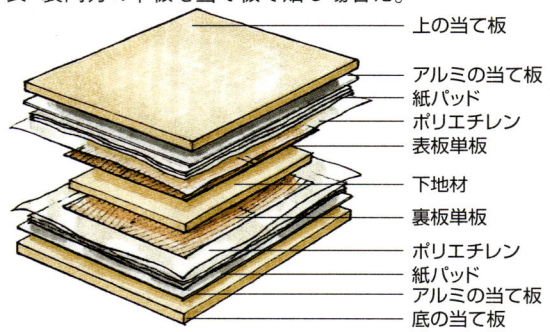

上の当て板
アルミの当て板
紙パッド
ポリエチレン
表板単板
下地材
裏板単板
ポリエチレン
紙パッド
アルミの当て板
底の当て板

1　順番に作業する

樹脂かニカワの接着剤を下地材に均等に伸ばし、粘着性をもたせる。単板が反らないようにするため、動物性以外のニカワは通常当て板単板には使わない。底から作業を始め、ラジエーターなどのヒーター類であらかじめ温めておいたアルミの当て板を、底の当て板に重ねる。こうすると樹脂が固まる時間が短くなり、また、温かいニカワを使う際には早くジェル状になりすぎることを防いでくれる。

次は新聞紙のパッドとポリエチレンシートをアルミの当て板に載せる。ポリエチレンは、作品が新聞につかないようにするためで、新聞紙はプレス中にでこぼこが生じないように使用する。裏打ち単板はポリエチレンの上に置き、その上に接着剤をつけた下地材を置く。そこから先は、この過程を逆に続けていく。

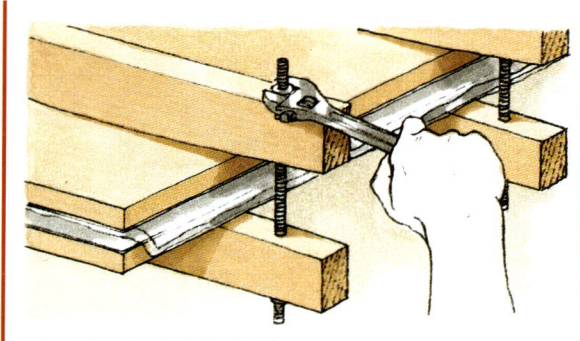

2　作品をプレスする

上と底の当て板を固定したら、このセット全体を下の桁の上に置く。それから、上の桁を載せ、プレスして約12時間置く。

3　仕上げをする

製品を当て板からはずしたら、余分な単板を切りこみ、この板を立てかけて数日置いておき、均等に空気にさらすようにする。それから端にかんなをかけて、"形を作る"（116ページを参照）。

砂袋を使う

小さな曲面を描く製品の単板は、温めた砂袋を使ってプレスしてもよい。砂を詰めたたいらな袋をラジエーターなどのヒーター類にかざして温め、形づくった製品にあてて当て板と一緒にクランプで留める。

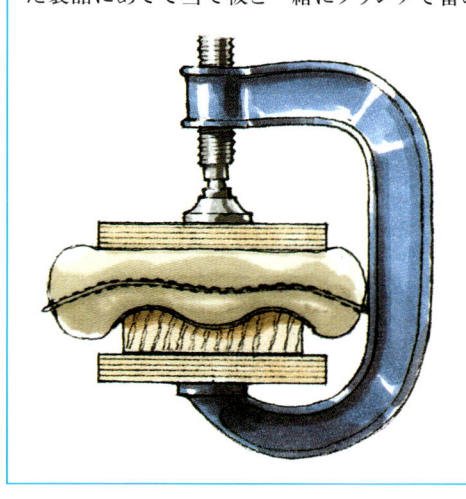

曲面の当て板

曲面を描いたパネルは、2組の雄型・雌型の成型ジグを使用して当て板で単板を圧縮することができる。たとえば積層材（35ページを参照）を曲げるときと同様に。製品をたいらな単板と同じようにプレスで糊づけするが、集成材の当て板を使い、成型した台木で固定する。当て板は剛性のあるものでも使えるが、柔軟性を持つ当て板ならば、さらに使い道が広がる。

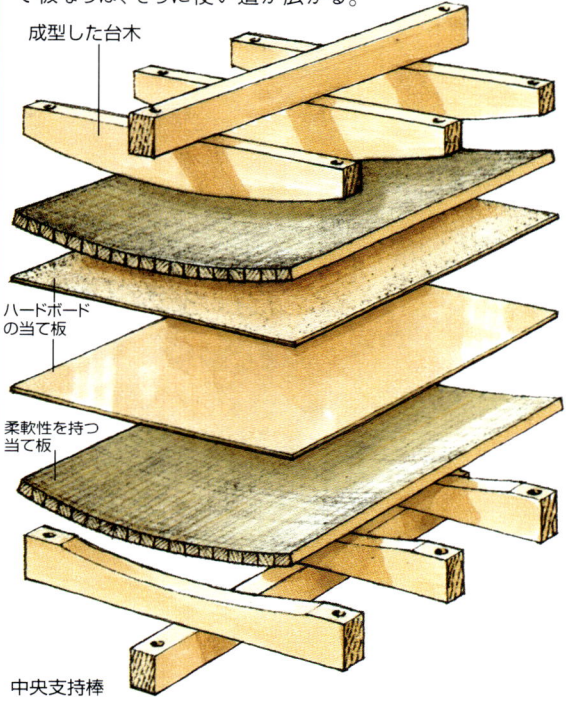

- 成型した台木
- ハードボードの当て板
- 柔軟性を持つ当て板
- 中央支持棒

曲面当て板の組立

台木を成型すると、当て板の材料と下地材の厚さに対応できる。カーブを計算し、上下の台木のペアができるだけ隙間なくプレスできるようにする。

柔軟性をもつ当て板は、幅の狭いラミナをキャンバスシートに糊づけして作る。これは台木に接する位置に、キャンバスの面が上をむくようして置き、アルミかハードボードの当て板をカーブした面に接するようにして重ねる。

しっかりした台木を成型した台木の中央に交差するように置く。セット全体をたいらな当て板のときと同じように、まず中央の台木からクランプ留めする。

線と縁取りを貼る

装飾縁取りや線を単板やむく材の表面に貼ることもできる。むく材に使う場合は、パネルに溝を掘るか、側面にさねはぎ用の切り込みをいれる必要がある。溝の角はのみを使って四角に整える。

縁取りを貼る

センターパネルの単板を適度な大きさにカットし、装飾縁取りをパネルの周囲に留め接ぎであうように切る。周囲の単板か添え芯板も留め接ぎであうように切って、すべてのパーツをテープ留めする。下地材に糊づけし、単板を置いて固定しプレスする。

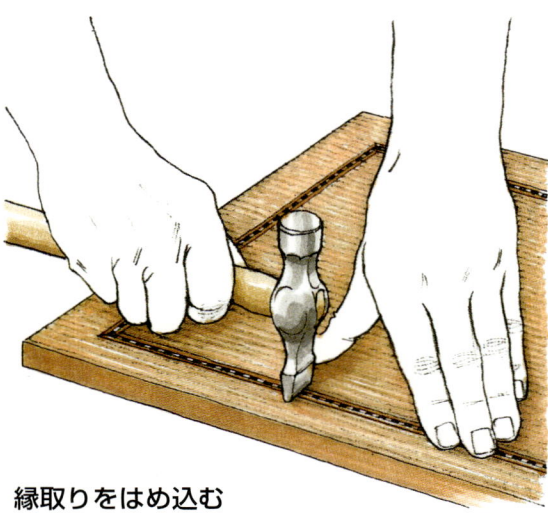

縁取りをはめ込む

むく材パネルの表面周囲に溝を掘るには、ルーターを使ってもよい。溝の深さは縁取りの厚みより、わずかに浅くする。角はのみで四角に整える。溝切りが終わったら、縁取りを糊づけし、クロスピーンハンマーでたたき込む。

中芯単板を置く

センターパネルの単板を下地材より少し小さくカットし、ニカワを塗る。固定したら、単板を板の側面と平行にカット用罫引きで切りこむ。

はみ出た板を切りとる

ニカワは電気アイロンの熱で柔らかくして、はみ出た部分の単板を切り取り、ニカワの塊はのみではがす。それから表面を温かい湿った布で拭く。

中芯単板をカットする

連続した単板の端からカット用罫引きで切り取る中芯単板を、わずかに余裕を見て長く、そして幅広に切る。まっすぐな端の板を罫引きにあてて切るとよい。

縁取りを糊づけする

ニカワはまず下地材、それから縁取りの両面につける。単板ハンマーかクロスピーン・ハンマーを使って端が重なり合うように縁取りを貼る。角は直定規を使って内側の角から外側の角へ直定規をあて、ナイフを沿わせて重なった縁取り両方を留め接ぎであうように切る。不必要な部分は取り除き、留め接ぎ部分をハンマーでプレスする。

Chapter 4
木質ボード

木質ボードは建設業から、とくに建具と家具製作をする家庭の木工作業者まで、あらゆるレベルの木材ユーザーに人気がある。さまざまな種類の木質ボードが利用でき、それぞれのタイプがさらに細かく別れているが、大きく3つに分けられる。積層板（合板）、パーティクルボード、ファイバーボードだ。

MAN-MADE BOARDS

合板

合板は構造用単板、プライあるいはラミナと呼ばれる木材を薄く切ったシートを重ねたものだ。それぞれの単板を90度の角度に交差させて糊づけしていき、強くて安定した板にしたものだ。この層には、表と裏の板がかならず同じ方向に走る木目となるよう、奇数枚数が使われている。

合板の製造

広葉樹材と針葉樹材ともに、幅広い種類の木が合板の製造に使用されている。単板はスライス切削（突き板切削）かロータリー切削（90ページを参照）でカットされる。広葉樹材にはロータリー切削の使用が一般的だ。

剥皮された丸太は、厚さ1.5〜6mmで連続した単板のシートに姿を変える。シートは一定の寸法にカットされ、それから選別して管理された状態で乾燥させてから、表板品質、芯板などの等級がつけられる。きずのある単板は穴をふさぎ、狭い芯板ははぎ合わせるか、あるいは部分的に貼りあわせてから重ねていく。

調整されたシートは糊づけして、必要な合板のタイプと厚さに応じた枚数をサンドイッチ状に重ねていき、ホットプレスする。それから端を切り揃えて、通常は両面を充分な精度をもつまで研削する。

合板製造用のペーパーバーチ

規定寸法

合板はさまざまな寸法で流通している。市販品でもっとも一般的な合板は約3mm間隔で厚さ3mm〜30mmだ。それより薄い"エアクラフト"合板は特殊な業者が取り扱っている。

典型的な板は幅1.22m。幅1.52mのものも、同じように広く使われている。もっとも一般的な長さは2.44mで、長さ3.66mまでの板も容易に手に入る。

表板の木目はたいてい長手方向に沿っている（かならずというわけではない）。木目は製造者が寸法の最初に表示している方向と平行だから、たとえば1.22×2.44m板と書かれていたら、木目は短軸方向に走っている。

合板の構造

むく材はどちらかと言えば安定していない材料で、板は繊維に沿った方向より、直交する方向へより収縮し、膨潤する。木のどの部分からカットしたものかによって、くるいの危険も高い確率で存在する。木材の引張強さは繊維方向で最大になるが、同時に繊維に沿って簡単に割れることもある。

こうした木材が生来もっている動きに対抗するため、合板は繊維あるいは木目をたがいに直角に重ねていくことで裂けやすい方向をなくし、安定性があり変形しにくい板となる。パネルは通常、その面の木目と水平方向にもっとも強度がある。

単板

ほとんどの合板は単板を3枚以上の奇数重ねて、バランスのとれた構造を作りだしている。枚数は単板の厚さと必要な板の厚さに応じて異なる。多くの層が使われるが、構造は中心の板を基準にして左右対称、あるいはパネルの厚みの中心線を基準に対称でなければならない。

合板の表面になった単板を、表板と言う。その板の質がもう片方の面よりよい場合は、よいほうの板を表板と呼び、もう片方を裏板と呼ぶ。表板は通常、等級を表すコードで特定される（次のページを参照）。

表板のすぐ下の単板はそえ芯板と呼ばれ、中心の単板は芯板と呼ばれる。

合板の使用

合板の性能は単板の質だけでなく、製造に使われる接着剤の種類でも決まってくる。大手の製造業者は品質向上のため、さかんに製品のテストを繰りかえしている。外装使用できるタイプの接着剤は木材そのものより強く、ユリアホルムアルデヒド接着剤を使用したパネルは、ホルムアルデヒド放出基準を満たしたものでなければならない。合板は用途によってさまざまに分類されている。

内装用合板（INT）

この合板は内装の構造用合板以外の用途に使われる。一般的に、目視等級の表板品質のものをを表板に、裏板には劣る質のものを使う。明るい色のユリア樹脂接着剤を使って製造される。ほとんどは家具や壁材など乾いた状態での使用に適している。改良された接着剤を使った板もあり、そうした板は多少の湿気にも耐え、湿度の高い場所で使用できるようになっている。INT等級の合板は外装使用には適していない。

外装用合板（EXT）

接着剤の質によって、外装用合板は、構造的な性能が必要とされない場所ならば、完全に、あるいはある程度戸外にさらした状態でも使用できる。キッチンや浴室のシャワーまわりに使用されることも多い。

完全にさらされた状態での使用に適した板は、暗色のフェノール樹脂接着剤が使われている。このタイプならば特類合板（WBP）となる。WBPの接着剤は規定の試験基準を満たしたもので、天候、微生物、冷水、熱湯、蒸気、乾燥、熱に長期間の高い耐久性が証明されている。外装等級の合板には、メラミン樹脂接着剤を使って製造することもある。こちらは戸外にさらした状態にある程度の耐久性をもつ。

マリン合板

マリン合板は高品質の構造合板で、マホガニータイプの木材に限って選んだ単板で製造されている。"隙間"は一切なく、耐久性のあるフェノール樹脂接着剤を使用。おもに船舶に使用され、水分や蒸気のある場所では内装用にも使用される。

目視等級

合板の製造業者は、板に使用されている表板の外観の質について、等級のコードを使用している。文字は構造的な性能を表しているのではない。針葉樹材の板に使われている一般的なシステムはA、B、C、Cマイナス、そしてDの文字を使った方法だ。

A級は最高品質でならめらかな切断面、外観の欠点は存在しない。D級は最低品質で、節、穴、裂け、変色が許容範囲内で最大に存在している。AA等級の合板は両面とも質がよく、一方BCの等級は外側の単板の質が劣っており、よりよいB等級の面を表板に、C等級の面を裏に使用する。

化粧合板（92ページを参照）は選別された柄の合った単板が使用され、表板となる木材の樹種の名がついている。

1　商標
等級をつけた団体。ここではアメリカ合板協会（APA）。

2　パネルの等級
表板と裏板に使った単板の等級を記している。

3　製造工場番号
製造工場のコード番号。

4　樹種の分類番号
"Group 1"はもっとも強い品種。

5　耐候性分類
接着剤の耐久性を示している。

6　製品基準番号
この板がアメリカの製品基準に合格していることを示している。

裏板に押されたスタンプ

パネル側面に押されたスタンプ

A-B・G-1・EXT-APA・000・PS1-83

典型的な等級スタンプ

片面だけがA等級かB等級の合板には、通常裏板にスタンプが押される。両面がA等級かB等級の合板には、通常パネルの側面にスタンプが押される。

強度保証合板

強度保証合板は、強度と耐久性が第一条件となる用途むけに製産される。接着剤はフェノール樹脂。目視等級が低級の表板が使われ、板は研削されていないことが多い。

合板の種類

合板は世界の多くの地域で製造されている。使用される木材の種類は、地域によって異なり、性能と適応性は木材の種類、接着剤のタイプ、単板の等級によって左右される。

針葉樹材と広葉樹材

針葉樹材の合板は一般的にダグラスファー、あるいはマツの種類から作られる。広葉樹材の単板はおもにカバ、ブナ、バスウッドといった明るい色の温帯地方の木材で作られる。赤色系の合板はラワン、メランチ、ガブーンといった熱帯地方の木材で作られている。

表板と芯板はすべて同じ品種から作られることもあれば、異なる品種で作られることもある。

工場生産されたブナ合板のチェストの抽斗

用途

さまざまなタイプの合板が、航空機と船舶の構造用、農作業用、建築、パネル、楽器、家具、玩具といったいろいろな用途のために製造されている。

木質ボード

1　化粧合板
表板は上級のロータリー単板、突き板単板、あるいは柾目板で、通常はアッシュ、バーチ、ビーチ、チェリー、マホガニー、あるいはオークといった広葉樹材で作ったものだ。研削仕上げがされている。質の劣るほうの単板は裏板に使われる。化粧合板はおもにパネルに使用する。

2　3層合板
表板を1枚の芯単板の両面に貼りつけたもの。それぞれの単板の厚さは同じか、構造のバランスを向上させるために芯板だけが厚い場合もある。このタイプはときに、バランス合板、あるいは単層コア合板とも呼ばれる。中心に構造材を使って層にした複合積層板は建設業界で使われる。

3　ドロワーサイト合板
木目を直交になるよう重ねていく合板の例外として、この種類はすべての層で木目を同じ方向に合わせて重ねる。呼び寸法12mmの広葉樹材で作られ、引き出しなどでむく材のかわりに用いられる。

4　多層合板
奇数の層で作った芯板をもつ合板。各層の厚さは同じこともあれば、添え芯板が厚いこともある。こうすると、長さ方向にも幅方向にも均等な強度が生まれるからだ。多層合板は単板家具製作に数多く使用される。

5　4層合板
4層合板は2枚の厚くカットした単板を木目の方向を合わせて貼り、両面の表板とは直交させて貼ったものだ。木目が1方向に揃ったものより強く、おもに構造部材に使われる。

6　6層合板
6層合板の構造は4層に似ているが、芯板が表板と木目が平行で、そのあいだに木目が直交する添え芯板をはさんでいる。

左から右に
化粧、3層、ドロワーサイト合板、多層合板、ランバーコア合板、6層

ブロックボードとラミンボード

　ブロックボードは合板の1種で、積層構造となっている。従来の合板と異なる点は、木口をほぼ正方形にカットした針葉樹材のラミナを並べて芯を形づくっていることだ。これは突きつけはぎだが、接着はしていない。この芯材には1層あるいは2層の単板で両面につける。

　ラミンボードはブロックボードと似ているが、芯材がどれも厚さ約5mmという針葉樹材の細いラミナでできており、この芯材は通常、接着されている。ブロックボード同様、ラミンボードは3層あるいは5層の構造になっている。より質のよい接着剤を使っており、ブロックボードに比べてラミンボードは、より密度が高く、そして重くなっている。

ラミンボード
芯材がなめらかであるので単板を貼る加工はブロックボードよりも適している。さらに高価でもある。3層あるいは5層の合板構造で製作される。5層の場合、外側の層となるそれぞれの2枚の単板は芯材とは、木目を直角に貼る。あるいは、表板だけを芯材と木目が同じむきに貼ることもある。

ブロックボード
この強固な材料は家具の用途に適している。とくに棚や枠材にはよい。芯材の平滑さはラミンボードに劣るが単板を貼る加工に問題はない。寸法は合板と同様で、厚さは12mm〜25mm、3層構造のものは厚さ44mmまでとなっている。

ラミンボード　　ブロックボード

積層材を曲げる

　同じ厚さの単板を重ねて作った板は、曲げてカーブを作ることができる。曲げのむずかしさは板の厚さと表板の木目の方向によって変わってくる。木目に沿うより、直交する方向のほうが曲げやすい。合板は乾いた状態で曲げることができるが、濡らせばきついカーブにすることも可能だ。とてもきついカーブを作るか、厚いパネルを曲げる際は、ボードの裏に"挽き道"を入れることもできる。部分的に、平行にのこで切れ目を入れていくのだ。こうすると効果的に板の抵抗を減らすことができ、曲げやすくなる。しかし、挽き道を入れると、板を弱くすることにもなるので、おもに視覚効果を持たすために用いられている方法だ。

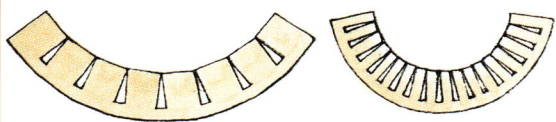

幅と間隔

　挽き道の幅は、のこ身の厚さによる。細いのこなら狭いカットになり、粗いのこ身なら広いカットになる。カットの幅と各挽き道の間隔は、曲げの半径によって決まる。間隔が詰まっていればいるほど、曲げの角度はきつくなり、より簡単にカーブを描ける。しかし、この曲げの方法は通常挽き道のある面が表にくるため、仕上げには研削する必要が出てくるだろう。

電動のこを使う

　ラジアルソーなら、もっとも正確に、もっとも早く挽き道を入れることができる。のこは切込み深さにあわせてセットし、間隔は裏板に印を入れる。最初のカットはパネルを横切って正確に直角に入れる。それから印に合わせて次のカットへ移動する。大きめのパネルについては、手持ち電動のこを使うとよい。カットの線の印を入れ、のこのガイドになるよう押さえ板をクランプ留めする。

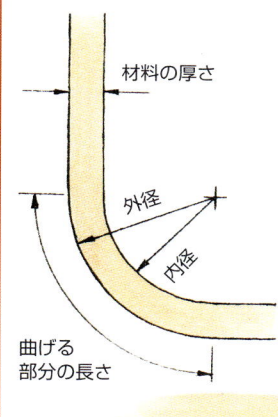

挽き道の間隔を計算する

　実物大で絵を描いて、どれだけの長さを曲げるか決める。計算してもいいし、描いた絵を直接測って、おおよその見当をつけてもいい。コンパスを使うか、カーブの外周に沿ってメジャーを曲げて測る方法がある。

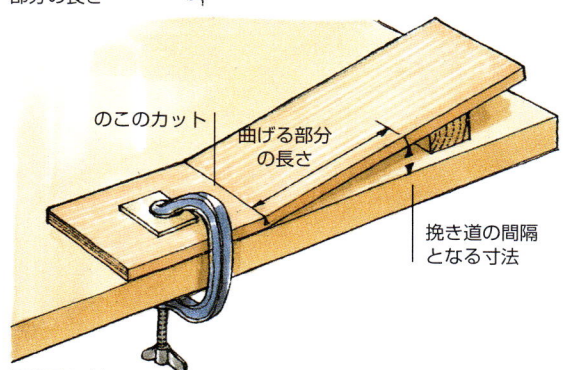

間隔を決める

　曲げを始めるには、まずのこでカットを入れる。板の厚さを最低3mmは残すようにする。この時点では、曲げる部分の長さは端までとなっている。板の端はクランプで作業台に留め、自由端を切断口が近づくようにもち上げる。曲げ部分長さを示す印の下側と、作業台とのあいだが、挽き道の間隔の寸法となる。それから現物の板にマークをつけ、このとおりに挽き道を入れる。

曲げを接着する

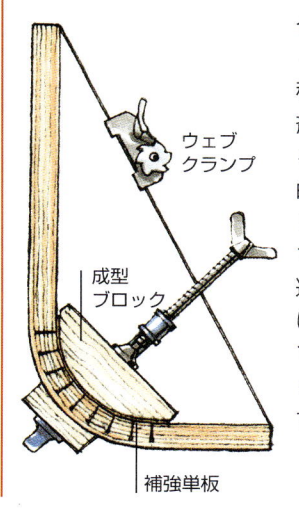

　カーブは実物大の図面に合わせ、ウェブクランプを使って型を保つようにする。積層材をたいらに置き、接着剤を挽き道と内側の面に塗る。曲げを強化するために、曲げの部分に合わせて準備しておいた単板を内側にあてる。このとき、木目は挽き道に対して垂直になるように。単板がカーブに合わせて成型ブロックにクランプされ、ウェブクランプも使用する。

パーティクルボード

　パーティクルボードは小さなチップやフレークを接着剤でを用い、圧縮して作られたものだ。通常は針葉樹材を使うが、広葉樹材を使うこともある。さまざまなタイプの板がパーティクルの形、寸法に応じて生産され、板の厚さ、使用した接着剤の種類別に流通している。

単層パーティクルボード
一様で、均等にならしたパーティクルで製造されている。このパーティクルボードは比較的粗い表面をしており、単板シートを貼れるが、ペンキ塗りには適さない。

パーティクルボードの製造
　パーティクルボードの製造は、高度にオートメーション化されている。チッパーによって、木材は必要な寸法のパーティクルへと形を変えられる。乾燥後、パーティクルは接着剤が散布され、繊維が同じ方向になるよう必要に応じた厚さに広げられる。この"マット"が高圧によって必要な厚さになるようホットプレスされ、養生に入る。冷えたボードは寸法切りされ、研削される。

特性を活かす
　パーティクルボードは安定性があり、均一な板だ。細かなパーティクルで製造した板はむろのない表面となるので、家庭での単板貼りの下地材に最適となる。化粧合板、単板を貼った木材、紙やプラスチックのシートなども利用出来る。ほとんどのパーティクルボードは合板と比べるともろく、引っ張り強度もさほど強くない。

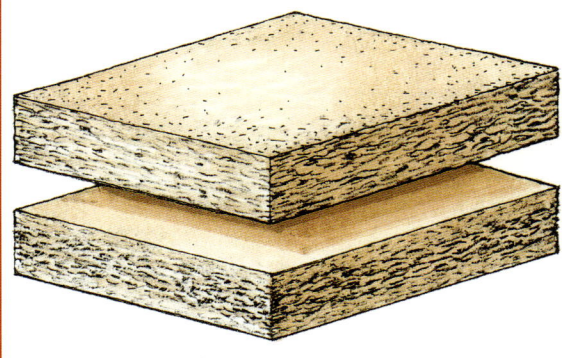

パーティクルボード
　木工作業者がもっとも多く使用しているパーティクルボードは、内装用ファイバーボードだ。これは一般的に、チップボードとして知られている。他の木製品と同じく、内装用ファイバーボードは湿気に対しては弱い。厚みが膨潤し、乾いても元の形状にもどらないのだ。フローリングや水分の接する状態に適した湿気に強いタイプも市販されており、建築業界でよくに使用されている。

3層パーティクルボード
このボードは粗いパーティクルの芯を、2層の細かな高密度のパーティクルではさんだものだ。外側の層は樹脂の割合が高く、ほとんどの仕上げに適したなめらかな表面を作りだしている。

**密度傾斜
パーティクルボード**
このパーティクルボードは粗いパーティクルとたいへん細かいパーティクルを混ぜたものだ。3層パーティクルボードとは異なり、徐々に粗い内部から細かな表面へと変化している。

化粧パーティクルボード
この板は上質の単板、プラスチックや、薄いメラミンシートを貼ったものだ。単板は研削されており、シート類は十分平滑である。天板用のプラスチック積層材には、端面が成型されているものもあり板合せした単板が、メラミンや単板の表板用に使われる。

配向性ストランドボード（OSB）
3層の板で、針葉樹材の長いストランドを使っている。各層のストランドは一方方向に配向され、合板と同じく、各層は隣の層と木目が垂直になるように重ねてある。

フレークボード（削片板）、ウェファーボード
このタイプは木材を大きく削ったものを使い、これを水平に置いて重ねていったものだ。フレークボードは一般的なパーティクルボードよりも張っぱり強度に優れている。実用目的に製造される板だが、透明なニスで仕上げをすれば、壁板にも使える。ステイン仕上げも可能な板だ。

ファイバーボード

ファイバーボードは木材を繊維に砕き、再度固めて安定し均質な材料に作り替えたものだ。さまざまな密度の板が、かけられた圧力や使用された接着剤に応じて生産されている。

上から下へ
オーク単板貼りのMDF、
中質繊維板（MDF）、
軟質繊維板（LM）、
硬質繊維板（HM）

上から下へ
有孔ハードボード、化粧ハードボード、エンボスハードボード、テンパードハードボード、標準密度ハードボード

ボードの保管

スペース節約のために、木質ボードは立てて保管しよう。ラックがあれば、端が床につくことなく、均等にわずかな角度に傾けて支えられる。薄いボードが曲がらないように、より厚い板の下にすること。

ファイバーボードの等級

ほとんどのボードは濡れた繊維をマット状に形成し、通常は樹脂で固め、密度をいくつかに変えて製造されてものだ。

中質繊維板（MDF）

乾燥させた状態で圧締をくわえ、合成樹脂で繊維を固め、より強度が生まれるように製造されたもの。MDFは両面がなめらかで、均一な構造をしている。細かな肌目だ。木材と同じように扱うことができ、家具製作のように一部の用途ではむく材の代替品として使える。表板も端面も電動工具を使って作業できるが、端面にはねじ類がうまく取りつけられず、割れてしまう性質がある。湿ると膨潤する。耐水性のMDFが湿度の多い場所用に生産されている。MDFは厚さ6～32mm、幅はさまざまなタイプが作られている。単板の下地材に抜群によく、ペンキでもきれいに仕上げられる。

軟質繊維板（LM）

比較的柔らかいボードで、通常厚さ6～12mm、ピンボードや壁材に使われる。

硬質繊維板（HM）

LMボードより重く硬い。内装パネルに使われる。

ハードボード

ハードボードはLMやHMボードと同様の方法で製造されるファイバーボードだが、さらに高圧高温で作られている。

標準密度ハードボード

なめらかで均一な肌目。さまざまな厚さがあるが、一般的なものは3～6mmでパネルに合わせた寸法が豊富にある。高価な素材ではなく、通常は抽斗の底材やキャビネットの裏板に使われる。

両面ハードボード

普通のハードボードと同様であるが両面が平滑に仕上げられている。フレームドアやキャビネットのパネルといった、両面が見える可能性のある場所に使われる。

化粧ハードボード

有孔、成型、塗装ハードボードなども市販されている。穴あきタイプは仕切に使われ、他は壁材に使われることがほどんどだ。

テンパードボード

普通のハードボードにさらに樹脂と油分を使い、より強い素材にしたもの。耐水性、耐摩耗性がある。

木質ボードを加工する

　木質ボードは手動工具や機械を使用して比較的カットしやすいが、ボードに含まれる樹脂のために刃先がすぐににぶくなってしまう。炭化タングステン（TGT）で付け歯された丸のこやルーターなら通常の金属の刃先よりも、長持ちするだろう。

　木質ボードはその寸法、重さ、柔軟性のために扱いづらいこともある。ボードをさらに小さな寸法に切り分ける場合、適切な作業台と余裕のあるスペースが必要となる。さらに、できれば手を貸してくれる人がいたほうがいいだろう。

機械で切る

　切れ味のよい高速の電動工具で木質ボードを切断すれば最適なカットが期待できるが、切断中に刃先がすぐに鈍くなってしまう。炭化タングステン付け歯ののこなら、大量の板が切れるだろう。手で支える電動のこを使う際は表板を下にし、丸のこ盤を使う際は、表板を上にむける。

ボードを支える

　ボードは作業台に載せ、切断線近くを支えること。頑丈なボードは架台に載せた厚板で支えるとよい。大型のボードは楽な姿勢でカットできるようその上に乗る。うまくいかないときは、切断した部分を手伝いの人に押さえてもらう。1人で作業するときは、厚板のあいだをのこで切るか、切断部分を押さえる手段を確保して、切断が終了する前に折れてしまわないようにすること。

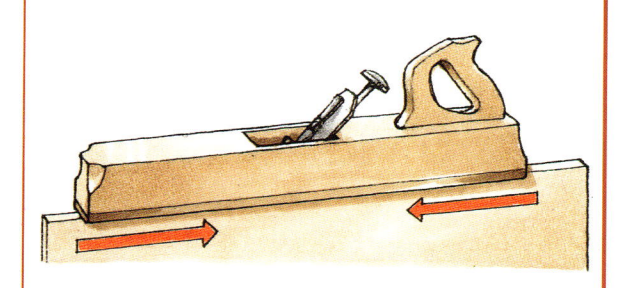

端面にかんなをかける

　端面はむく材と同様にかんながけをするが、どの端面も、両端から中央にむかってかんなをかけ、木口では芯材や表板の単板の割れを防ぐようにする。かんなの刃は作業の間一定の間隔で研ぐ必要があるだろう。

手動工具でカットする

　手動ならば10〜12PPIの（1インチ当たりの歯数）パネルソーを使うこと。テノンソーも小さな部分の切断ならば使用できる。どちらの場合も、のこは比較的浅い角度でもつこと。表面の割れを防ぐために、ファイバーボードや積層材を切断する際は鋭利な歯先のものを使うことだ。

ボードを固定する

パーティクルボードねじ

　木質ボードの端面にねじをつけると、表面につけた際より強度が落ちる。割れを防ぐために、合板の端面にはパイロットホールを開けること。ねじの直径はボードの厚さの25％を超えないようにする。

　パーティクルボードの場合は、ねじを使えるかどうかはボードの密度に左右される。ほとんどのボードはどちらかと言えば弱い。パーティクルボード専用のねじのほうが、通常の木ねじよりもよい。パイロットホールはかならず両面、あるいは端面に開けること。専門の留め具やインサートを使ってよりしっかりと固定することもできる。

　ブロックボードや積層板は側面ならねじがしっかり留まるだろうが、木口には留まらない。

ねじ留め具

縁材

　木質ボードの端面は通常、縁材を使って芯材をカバーして仕上げる。繊維走行の単板、繊維に直交する単板、材とマッチしあるいはコントラストがつくより強い木材などが使われる。縁材は表面の単板を貼りつける前後に、つけるようにする。

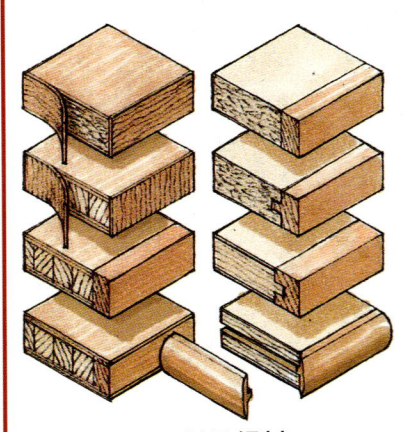

左 上から下へ
繊維走行の単板、繊維に直交する単板、単板貼りのあとに縁材をつけたもの、単板貼りの前に縁材をつけたもの

右 上から下へ
突きつけ接ぎ、核はぎ接ぎ、溝つき、留め接ぎ

角の縁材の形状
　下に紹介した例では、いずれも縁材が角の接ぎ手を形づくり（次のページを参照）、ボードの芯材を覆ってもいる。

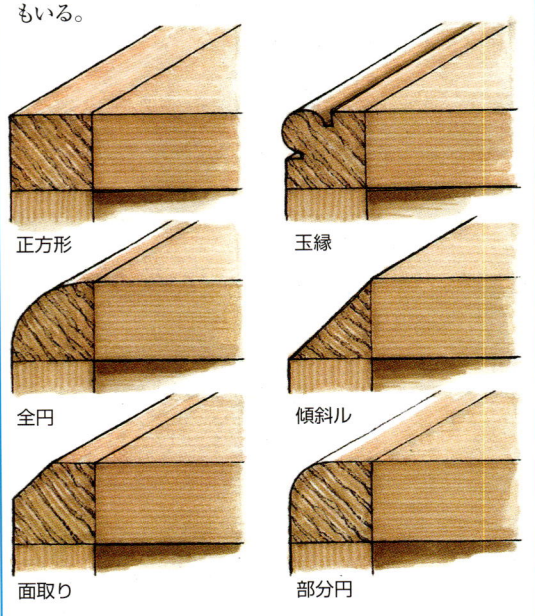

正方形　　玉縁
全円　　　傾斜ル
面取り　　部分円

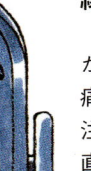

アイロンでつける縁材
　もっとも簡単な端面の処理は、糊つきタイプの単板を使い、ボードの端面にアイロンで接着することだ。こうした縁材はおもに単板を貼ったパーティクルボードの仕上げ用に販売されているが、木目の合う単板の種類は限られている。

むく材の縁材
　より重厚感のある端面の処理ならば、木目の合う木材からぶ厚く縁材をカットして作る。縁材は突きつけ接ぎでもよいし、より強度を求めるならば、実を入れたり、端面に溝を入れてももよい。留め接ぎした角は見栄えがよくなる。端面を成型するとさらによい。

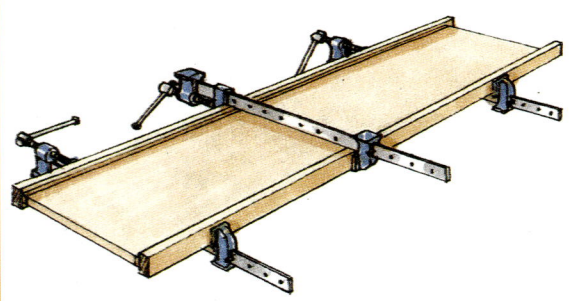

縁材にかんなをかける
　縁材の幅方向にかんなをかける際は、表面の単板を痛めないようにじゅうぶんな注意が必要。木目方向に垂直にかんなかけしているときはなおさらだ。端面はサンディングブロックで仕上げてもよい。

縁材を糊づけする
　木口はまず、きちんと寸法切りすること。長い縁材を糊づけする際は、硬い棒をクランプと作品のあいだにはさむ。こうすると、クランプの力が縁材にまんべんなく行き渡り、クランプの力で縁材を痛めることが避けられる。

深い縁材
　深い縁材は棚や天板に使う際、ボードを補強する役目がある。ボードの厚さ全体を縁材に胴接ぎするか、核はぎ接ぎをする。

木質ボード

板の仕口

合板、ブロックボード、ラミンボード、パーティクルボード、MDFは骨組み構造に使用できる。木質ボードはむく材のパネルより安定性があるが、全体としては長軸方向の強度をもっていない。こうしたボードの接ぎ手方法は、それぞれの構成によって異なってくる。むく材板の構造に使う接ぎ手の大部分が使えるが、ほぞ、追入れ組み接ぎ、矩形組み接ぎなどの接ぎ手は適していない。

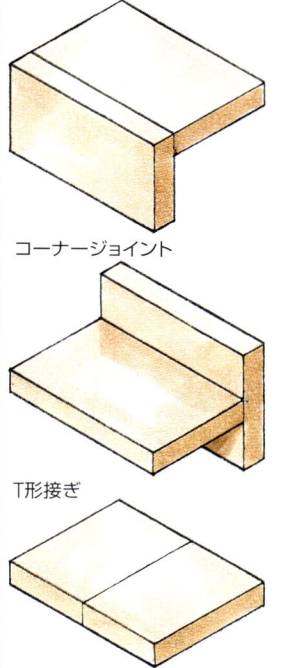

コーナージョイント

T形接ぎ

きわはぎ

機械で接ぐ

仕口を選ぶ際、ブロックボードやラミンボードのようなむく材を芯材にした積層材は、むく材と同様に考えてさしつかえない。たとえば蟻組み接ぎを木口に入れることはできるが、側面には使えない。

蟻接ぎは木質ボードに手動で入れるにはかなりむつかしい。芯の木目が変化するためで、機械で入れるほうが好ましい。矩形組み接ぎ、追い入れ接ぎ、核はぎ接ぎ、だぼ接ぎ、ビスケットジョイントのような仕口は機械で入れるのが一番だ。

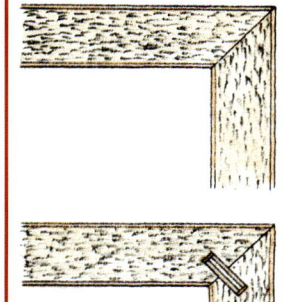

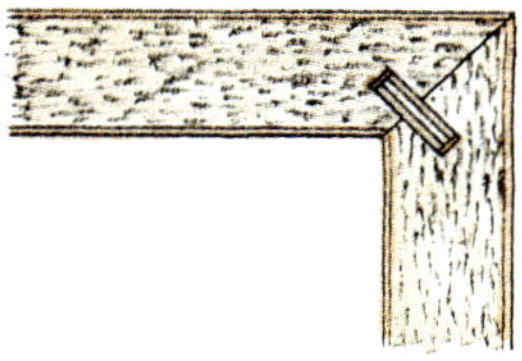

留め接ぎ

すでに化粧単板で仕上げた木質ボードは、もし芯材を表に出したくなければ、留め接ぎにしなければならない。角は簡単に糊づけするか、雇い実や核を使って強化してもよい。

縁材角の仕口

単板を貼ったできあいのパーティクルボードの場合、縁材角の仕口を使えば、芯材を隠すことにもなる。縁材は四角のまま、あるいは成型して（前ページを参照）もいいし、装飾効果を出すためにボードとコントラストがつく縁材を使ってもいい。縁材は単純に突きつけ接ぎにするか、あるいは胴付き核はぎ接ぎにして、構造を補強してもよい。

ぶ厚い縁材を使う

ぶ厚い縁材で、土台や骨組みの建設用により強い仕口を作ることもできる。この過程では、ボードを追入れ核にカットし、それがはまる溝を縁材に掘る。必要ならば、図の破線に示したように形を整えてもよい。

パーティクルボードに縁材をつける

パーティクルボードを使用した場合はさらに強度をつけるため、ボードの端に溝を堀り、縁材を核にカットする。

木質ボード

木工仕上げ

シルバーファー	クイーンズランドカウリ	パラナパイン	フープパイン	レバノンスギ
イエローシーダー	リームー	カラマツ	ノルウェースプルース	シトカスプルース
シュガーパイン	ウエスタンホワイトパイン	ポンデローサパイン	イエローパイン	ヨーロピアンレッドウッド
ダグラスファー	セコイア	ユー	ウエスタンレッドシーダー	ウエスタンヘムロック
オーストラリアンブラックウッド	ヨーロピアンシカモア	ソフトメープル	ハードメープル	レッドアルダー
ゴンセロルビス	イエローバーチ	ペーパーバーチ	ボックスウッド（ツゲ）	シルキーオーク
ペカンヒッコリー	アメリカンチェストナット	スイートチェストナット	ブラックビーン	サテンウッド
キングウッド	インディアンローズウッド（シタン）	ココボロ	エボニー	ジェラトン

木工仕上げ

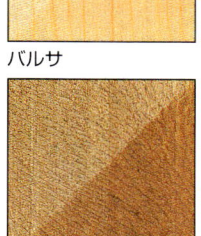

色、木目、肌目がそれぞれ異なるのが木材本来の姿だ。下準備をして塗装をしても、木材は環境に反応し続ける。"動く"だけでなく、色もまた樹種によって明るくなるものもあれば、暗くなるものもありと、時の流れの中で変化していく。こうした結果が古つやと呼ばれるものだ。

色の変化

色でもっとも劇的な変化は、塗装した際に起こる。透明の塗装でさえも、色が豊かになり元の色がわずかに濃くなるのだ。44～53ページ、そして56～82ページに写真を載せた木材を、実物大でここに再度掲載した。クリア塗装を添付する前後を見くらべてほしい。

クイーンズランドウォルナット	ユティール	ジャラ	アメリカンビーチ
ヨーロピアンビーチ	アメリカンホワイトアッシュ	セイヨウアッシュ	ラミン
リグナムバイタ	ブビンガ	ブラジルウッド	バターナット
アメリカンウォールナット	ヨーロピアンウォールナッツ	イエローポプラ	バルサ
パープルハート	アフロルシア	ヨーロピアンプレーン	アメリカンシカモア
アメリカンチェリー	アフリカンパダック	アメリカンホワイトオーク	ジャパニーズオーク(ミズナラ)
アメリカンレッドオーク	レッドラワン	ブラジリアンマホガニー	チーク	ヨーロピアンオーク
ライム	オベシエ	アメリカンホワイトエルム	ダッチエルム	バスウッド

木の種類

木材の品質――木目、色、作業性、香りも――それは通常、木工作業者がもっとも関心を寄せる点だ。しかし、木工に魅せられた人々なら、これだけ万能の素材は元々どんな姿をしていたか関心を寄せないとは想像しづらい。ここに44～53ページ、そして56～82ページに掲載した木材が伐採される前の木の姿を紹介しよう。正確な比率にはなっていないが、理想的な自然環境で、それぞれの木が育った場合の平均的な形状を表している。

キングウッド

ココボロ

ラミン

全体のイラストに代えて
著者そして編集者は本書に記したすべての木のイラストを紹介するために、植物図書館や関係機関に問い合わせをした。残念なことに、上記に関しては木全体の形状がわかる文献がなく、代わりにわかる範囲で細部の特徴をイラストにした。

針葉樹
左から右へ
(最上段)
シルバーファー
クイーンズランドカウリ
パラナパイン
フープパイン
レバノンスギ

(2段目)
イエローシーダー
リームー
カラマツ
ノルウェースプルース
シトカスプルース

(3段目)
シュガーパイン
ウエスタンホワイトパイン
ポンデローサパイン
イエローパイン
ヨーロピアンレッドウッド

(最下段)
ダグラスファー
セコイア
ユー
ウエスタンレッドシーダー
ウエスタンヘムロック

木の種類

広葉樹
左から右へ、順番に
オーストラリアン
　ブラックウッド
ヨーロピアンシカモア
ソフトメープル
ハードメープル
レッドアルダー
ゴンセロルビス
イエローバーチ
ペーパーバーチ
ボックスウッド
シルキーオーク
ペカンヒッコリー
アメリカンチェストナット
スイートチェストナット
ブラックビーン
サテンウッド
インディアンローズウッド
エボニー
ジェラトン
クイーンズランド
　ウォルナット
ユティール
ジャラ
アメリカンビーチ
ヨーロピアンビーチ
アメリカンホワイトアッシュ
ヨーロピアンアッシュ
ラミン
ブビンガ
ブラジルウッド
バターナット

木の種類

広葉樹
（続き）
左から右へ、順番に
アメリカンウォールナット
ヨーロピアン
　　ウォールナッツ
イエローポプラ
バルサ
パープルハート
アフロルシア
ヨーロピアンプレーン
アメリカンシカモア
アメリカンチェリー
アフリカンパダック
アメリカンホワイトオーク
ジャパニーズオーク
　（ミズナラ）
ヨーロピアンオーク
アメリカンレッドオーク
レッドラワン
ブラジリアンマホガニー
チーク
バスウッド
ライム
オベシエ
アメリカンホワイトエルム
ダッチエルム

122

用語集

あ

当て板
シート状の木材か金属。単板を下地材にプレスする際に使用する。状況に応じてたいらでもよいし、カーブしていてもよい。

EMC
平衡含水率。通常の気温と湿度にさらした際に、木材に残る含水率。

板目(flat grain)
板目挽きの別名。

突き板切削(slice cutting)
フリッチをスライサーでカットした単板を作る用語。

板目挽き(Plain-sawn)
年輪が板の表面と45°より小さな角度で現れる木材を指す用語。追い柾挽き見よ。

柾目挽き(Quarter-sawn)
年輪が板の表面に対して45度以上の木材を指す用語。追い柾挽きも見よ。

裏板等級
表面に接着したよりよい品質の単板とバランスを取るために、板の裏材に使う比較的安価な単板のカテゴリー。

裏割れ
不均等な乾燥により生じる木材の割れ。裏割れ（ナイフチェック）も見よ。

裏割れ(knife check)
単板スライス装置の調整が不備で、単板に生じる亀裂。

SE(Squares)
両端を正方形にカットした板。

FAS
"1級と2級のあいだ"。市販の広葉樹に対する最上級のアメリカの等級。

FS
"切り立て"丸太から切りだしたばかりの木材。

オートクレーブ
単板染色にも用いる密閉出来る圧力容器。

か

追い柾挽き
年輪が板の表面と30度以上、60度より少ない木材を指す用語。

帯線
班入りを見よ。

表板
合板の表面に使用する単板。

表板品質
合板の表板となる品質の単板を指す用語。

表板端面
表板に対して直角にかんなをかけた合板の側面。

環孔材
広葉樹では、より大きな気孔が早材に現れ、小さな気孔が晩材に現れる。散孔材も見よ。

乾燥
木材の水分を減らすこと。

含水率
木材の繊維に含まれる水分量の比率。人工乾燥の場合の重量とのパーセンテージで表す。材木業界ではMCとしても知られる。

ラミナ
木材の細く狭い部材。

きず(belmish)
木材の外観を損なう傷のこと。

きず(bruise)
ハンマーのような物体で木材を強打してできたへこみ。

クラウンカット
丸太を接線方向にスライスした単板を表す用語。楕円、あるいは曲線を描く木目が現れる。

添え芯単板
積層材で表板の真下、直角に交わる単板。

KD
人工乾燥木材に使う用語。

傾斜挽き
直角以外の角度で、他の部分と合わさった表面。あるいはそのように表面をカットすること。

欠点
木材の作業性や価値を損なう異常、あるいは不規則性。

クリアティンバー
欠点のない木材。

光合成
自然のしくみ。日光の形態でのエネルギーが葉緑素によって取りこまれ、その植物が生きていける養分を作りだす。

交錯杢理
年輪が右回り、あるいは左回りにらせんを描いたもの。

広葉樹材（硬材）
広い葉の通常落葉性の樹木から採った木材。分類学上は被子植物となる。

木端面、端面
板のせまい方の側面。

瘤(burr, burl)
木の幹が瘤状に生長したもの。スライスすると斑点入りの瘤単板が採れる。あるいは木材に残ったとても薄い金属片を指すこともある（ホーニングあるいは研磨時に刃先がこぼれたもの）。

Common(COM)
アメリカの広葉樹用等級用語。FASとセレクトより下の木材を指す。さらに4つのカテゴリーがある。

コンタクトグルー
クランプの助けを借りずに接着すること。あらかじめ接着剤のついている2面を合わせる場合。

合板
繊維がそれぞれ直交する複数の単板を貼りあわせ圧縮したボード。

さ

散孔材
広葉樹では辺材、心材ともに気孔がほぼ同じ大きさになる。環孔材も見よ。

ざらつかせる
接着剤のつきをよくするために、表面を削り、刻み目をつけること。

春材
早材の別名。

用語集

白太（しらた）
辺材の別名。

芯材
木質ボードの層、パーティクルボード、複層材の中心の層。

心材
成熟した幹の部分。

針葉樹材（軟材）
針葉樹をカットした木材。分類学上は裸子植物となる。

人工乾燥
木材を乾燥させる方法。熱した空気と蒸気を使う。

スラッシュゾーン
板目挽きの別名。

接線挽き
板目挽きの別名。

積層
薄い木材を接着剤で貼りあわせた部材。あるいは、部材のために接着剤で貼りあわせること。

Selects(SEL)
広葉樹に対する第2級のアメリカの等級。

早材
生長の早い時期に広がる年輪部分。

下地材
単板を接着する際、基盤にする素材。

象眼
木材、あるいは金属をあらかじめ削っておいた部分にはめ込み、その部分が周囲の表面から目立つようにしたもの。あるいははめ込むピースそのものを指す場合もある。

た

耐久性
劣化、とくに腐れに対する強さ

縦挽きのこ
木目に沿って挽くのこ。

短軸方向
板の使い方を横切る繊維の一般的な方向を指す用語。

単板
人工ボートのようなあまり高価でない素材を覆う表面として薄くスライスした木材。

縮れ木目
不規則な波状模様を示す木目

長軸
板の長い方と繊維方向とが一致している場合。

ちりめん杢
幹と枝が交差する部分から採った木材の木目

つまった木目
小さな気孔や細かな細胞構造をした木材を指す用語。細かな肌目と同様の言葉。

天然乾燥
木材の乾燥方法。製材した木材を積みあげてカバーをかけて戸外の空気にさらし、自然に乾かす。

ディメンジョン・ランバー
標準の寸法に決められた木材。

等級
丸太や製材した木材の品質を決める用語

留め接ぎ
木材2ピースの継ぎ手の形。両ピースの端を、対角線に斜めに切る（通常45°）。あるいはそうした仕口をカットすること。

（動物性）ニカワ
タンパク質を基本にした木工用接着剤で、動物の皮や骨からできている。

ドレス・ストック
ディメンジョン・ランバーの別名

な

夏材
晩材の別名。

生材
乾燥前の切り立ての木材。

熱可塑性
熱をくわえることで、ふたたび柔らかくなる物質を指す用語。例、ニカワ。

熱硬化性
いったん固まると、熱をくわえても柔らかくできない物資を指す用語。例、樹脂接着剤。

は

波状杢
均等で波のような木目。うねる細胞構造をもつ樹木からカットした木材に見られる。

幅ぞり
収縮によるゆがみ。とくに、木材の幅方向にゆがんだもの。

斑入り
部分的に傷んだ木で、暗い"帯線"によって不規則に変色している。

バーチカルグレイン
柾目挽きの別名。

板根（ばんこん）
安定性を増すために、木の根元が三角形へと過度に生長した部分。

晩材
1年の生長時期の後半を示す年輪の部分。

パーティクルボード、チップボード
細かな木材のパーティクルと接着剤を圧縮したたいらな建築用ボード。

挽き道
のこでカットした切り込み。

PEG
ポリエチレン・グリコール——従来の乾燥方法で生材を処理するプロセスの代わりに使用する安定剤。

PAR
"全面かんながけ"のこと。

PS
"部分乾燥"。密度の高い木材には乾燥しづらいものがあり、そうした木材はPSボードとして販売されている。含水率については何の保証もない木材。

PBS
"両面かんながけ"のこと。

ファイバーボード
再生木材繊維でつくった建築用ボード。さまざまな種類がある。

ふくれ
接着がじゅうぶんでなかったために、1部盛りあがった単板の箇所。

節
樹脂の多い節部分に対して使うセラック基盤のシーラー。直後の作業となる仕上げで汚れを押さえる働きをする。

不揃いな厚み
湿気を帯びていた木材が不均等に乾燥し、厚みが不揃いになること。

縁材
木質ボードのパネルやテーブルトップの端面に取りつける、単板の細い保護材。

縁取り
装飾的な縁を作るために使う無地、あるいは模様の入った単板の細板。

フラットソーン(Flat-sawn)
板目挽きの別名。

フリッチ
単板にスライスする丸太から切った木材。あるいはスライスした単板の束を指すこともある。

古つや
木材や金属が歳月を経た結果、自然に生まれる色や肌目のこと。

ブランク
挽物でまわせるようにざっとカットした木材。

ブリーディング
樹液のように自然の物質が浸透し、処理した面や塗装の表面に染みだすこと。

ブロックボード
木質ボードの1種。ほぼ四角の木口にカットしたむく材の細材を芯材にして、薄い合板シートではさんだもの。ラミンボードも見よ。

辺材
より密度の高い心材の周辺にできる新しい木部。

ま

台木
当て板に圧締をかけるために使う長い木材。

柾目
丸太の半径方向で挽かれた板。

丸みのある角
厚板の端に自然についた丸み。樹皮がついたままのこともある。

溝のある木目
大きな気孔をもつ環孔材を表す用語。粗い木目とも言う。

無欠点材
欠点のない高品質の木材。

目板
小さな板、小割り板。

目切れ
木製品の中心軸からずれた木目。繊維の板が板の端で切れている状態。

木目
木材の繊維の一般的な方向、あるいは配置。

や

歪み
歪み、ねじれのある板。

弓なり
ねじれた木材。

横挽き
木目を横切って切ること。木口切削。

寄せ木細工
比較的小さな単板のピースを重ねて、装飾性の高い模様、あるいは絵を描いていくこと。寄せ木張りも見よ。

寄せ木張り
寄せ木細工と似ているが、単板を幾何学的な模様に切って装飾を作るもの。

呼び寸法
丸太から切ったばかりの木材において、幅と厚さを均一化すること。実際の寸法は収縮とかんながけによって減少する。

ら

ラミンボード
木質ボードの1種。狭い木材を貼りあわせたものを芯とし、薄い合板シートではさんだもの。ブロックボードも見よ。

ロータリー切削
固定したナイフに対して丸太を旋回させ、連続的に切削する。

用語集

索引

あ
アッシュ 30, 31, 109
圧縮あて材 32
当て板 97, 100, 102-3
あて材 22, 29
アフリカンパダック 76
アフリカンマホガニー 16
アフロルモシア 15, 74
アメリカウォールナット 72
アメリカンシカモア 75
アメリカンチェストナット 61
アメリカンチェリー 76
アメリカンビーチ 67
アメリカンホワイトアッシュ 68
アメリカホワイトエルム 82
アメリカンホワイトオーク 77
アメリカンレッドオーク 78
粗い木目 88
荒れ木目 29, 30
泡杢 91
安全な服装 20
案内梁 25
イエローシーダー 43, 46
イエローバーチ 59
イエローパイン 50
イエローポプラ 73
異常成長 88-9
異常生長 91
板挽き 25, 95, 98, 101
板目 22
突き板切削単板（スライド単板） 86, 87, 89, 90, 92, 93, 109
板目挽き 22, 23, 30, 87
板面 94
糸のこ、引き回しのこ 95
イングリッシュエルム 82
インディアンローズウッド 64
ウェファーボード 113
ウエスタンヘムロック 53
ウエスタンホワイトパイン 49
ウエスタンレッドシダー 53
内側繊維 32, 33
裏割れ 84, 86, 88
栄養分 10-13, 38
枝 10, 11, 20, 21, 22, 30, 41, 85
エボニー 65

か
オーク 13, 22, 30, 31, 38, 109
オーストラリアンブラックウッド 56
オートクレーブ 93
追い口 21
追いまさばり（スリップマッチ） 98
追い柾挽き 22-3
応力 26, 30
帯線 38
帯のこ 22, 24, 34, 35, 85, 86, 97
オベシエ 81
表板 106-9, 11l
表板品質単板 85
温室効果 14
温帯地方 55

か
カール単板 86-8, 91, 101, 102
皆伐 19
家具製作 15, 16, 23, 89, 90, 92, 107, 108, 109, 110
家具製作 26, 87
夏材、晩材 13
壁紙用糊 96, 98
紙製品 19, 22, 43
紙テープ 88, 95
カラマツ 43, 47
仮道管細胞 10, 13
環境 14, 16, 18
乾燥材 24, 26, 29, 32, 38
乾燥室 26-7
乾腐 38
外装用合板（EXT） 33, 107
気温 26, 41
気候 19, 31, 41, 55
気孔 10
寄生虫の侵害 38
規則性のない木目 30
木の色 13, 16, 27, 28, 30, 43
木のきず 32
木の欠点 28-9
木の性質 26, 28, 30-1
木のまた 88, 91
キューバマホガニー 16
急速乾燥材 26
強度 26, 30, 106, 107, 117
　構造的に 32
　引張強さ 117
強度保証合板 107
切り株 85
キルト状杢 91
キングウッド 63
菌糸体 38
菌類 38
　カンゾウタケ 67
菌類による病気 38, 61
菌類による腐敗 13
菌類の侵入 26, 38, 67, 82
菌類の発生 29
逆旋回木理 92
クイーンズランドウォルナット 66
クイーンズランドカウリ 44
櫛状木理 22
クハヤ 16
クラウンカット単板 86-8, 90
クランプ 33, 35, 98, 102, 103, 111, 116
くるい 23, 26, 29
クロッチ杢 30
計測、測定 28, 88
結露 33
建築構造 16, 19, 43, 108, 109, 112
航空単板 106
工芸用ナイフ 95
光合成 10, 11
交錯木理 30, 92
硬質繊維板（HM） 114
交走木理 30, 38, 94, 101
構造用単板 34, 86, 88, 97, 106
広葉樹 10, 19, 41, 55
広葉樹材（硬材） 10, 13, 15, 16, 19, 22, 26, 28, 31, 38, 41, 55-82, 86, 87, 91, 106, 108, 112
　温帯産広葉樹の 15
　環孔材 31
　散孔材 31
　単板 108
　熱帯産広葉樹 14-16, 56
木口割れ 29, 32
ココボロ 64
木端面、端面 23, 115, 116
瘤 30, 85, 89
瘤杢のある単板 88, 89, 101-2
固有の特性 30, 88
合成樹脂接着剤 114
合板 26, 33, 106-15, 117
構造 106
構造用合板 107
寸法 106
接着剤 107
耐水合板 26
適用 108
等級 107
特類合板（WBP） 107
目視等級 107
ゴム 19
　葉脈 67
ゴンセロルビス 58

さ
再構成単板 93
サイジング 96, 100, 116
細胞 10-13, 26, 30, 31, 38, 92
　硬材 31
　構造 10, 30, 38, 92
　細胞内腔 26
　組織 31
　長軸 30
酢酸ビニル樹脂エマルジョン接着剤（PVA） 35
サテンウッド 63
サペリ 16
桟木 26, 27, 29
酸性雨 14
酸素 10, 11
3層パーティクルボード 112
サンダー 31
ざらつかせる 95, 96, 97
シート状接着剤 101
シーラー、めばり 26, 29, 38
仕上げ 10, 32, 113
　無欠点 38
シカモア材 93
色素 10
仕口、接ぎ手、刳ぎ 116-17
糸状体 38
湿度 26, 27, 96, 107
湿度計 27
シトカスプルース 48
縞状の木目 90
縞杢 92
縞杢、リボン杢 92, 98, 99
染み、汚れ、染色 13, 16, 29, 38, 61, 74, 84
収縮（率） 23, 26, 29, 38, 95, 96, 106
シュガーパイン 49
種子植物門 10
春材、早材 13

商業取引される木材　15, 19, 22, 41, 43
植物学上の分類　31, 39, 43, 55
シルキーオーク　60
シルバーファー　44
芯　106, 108-10, 112, 115-17
芯材　109
心材　12, 13, 84, 87
細胞　13
心外しロータリー切削　86
針葉樹　10, 19, 43
針葉樹材（軟材）　10, 13, 14, 22, 26, 28, 31, 38, 41-53, 85, 102, 106, 108, 110, 112
ジェラトン　65
持続性資源　55
自動一面かんな盤　34
ジャパニーズオーク（ミズナラ）　77
ジャラ　67
樹液　10, 12, 13, 20
水平　26
樹脂　10, 18, 114, 115
樹脂接着剤　102, 112
樹脂道　84
樹皮　12, 19, 26, 29, 43, 84, 85
入り皮　29, 84
定規　95
蒸煮曲げ加工　32-5
常緑樹　10, 41, 55
人工乾燥　27, 32, 34
自宅で使用する　27
靭皮　10, 12
スイートチェストナット　62
水分　10, 13, 26-7, 38, 107, 112, 114
含水率　26-7, 38
ストッパー　32, 34
ストリングライン　94
砂袋　103
寸法安定性　23
髄　12
成型ジグ　32-5, 103
組になった　35
対になった　35, 103
ひとつの　35
複数の　35
形成層　12, 91
成形ハードボード　114
製材　22-4, 28, 30

製材工場　20, 22, 24-5, 43
可搬製材装置　24-5
生態系　18, 19
生長　29, 30
生長によるきず　29
生物劣化　38
積層　106, 115
塑造　112, 113
積層構造　110
積層材　34-5
積層板　96, 117
複合の　109
セコイア　52
接線方向挽き、板目挽き　23, 86, 87, 90, 96
接着剤容器　95, 100
線　94, 104
繊維　10, 19, 29, 30, 31, 32, 97, l06, 114, 115
繊維飽和点　26
旋回木理　30
旋盤　86, 87
絶滅危惧種　55
層　106-10
早材　12, 13, 30, 31, 43
早生樹　19, 30
添え心（単板）　94, 104
添え芯板　97, 109
下地材　84, 95, 96-8, 100-3, 112, 114
反った木材　29
ソフトメープル　57
反り　29
象眼　94
造林, 育林　18, 41
属　31, 39

た
耐久性　31, 38, 107
裏板　85, 96, 102, 109
耐湿パーティクルボード　112
多孔性　13, 31
多層（連続層）
パーティクルボード　113
建具, 指物　26, 28, 43
縦切削　91
種　19, 43
多年生植物　10
樽状構造　97
単純林　15, 19
単層コア合板　109
単層パーティクルボード　112

単板　15, 22, 30, 55, 83-103, l06, 110-17
色　84, 85, 93, 98
きず　84, 85, 95, 96
規則性のない木目　34
気泡　95, 100, 101
修復　89, 95, 96, 100
テープ　95, 98, 99, 102
等級　85, 108
ナイフ　86, 87, 95, 98, 101, 104
のこ　95, 98
葉　85, 88, 90, 98, 99
ハンマー　95, 100, 101, 104
パターン　93
パンチ　95
ピン　95
プレス　35, 102-4
単板裏　84, 101
単板表　84, 101
単板積層材　109
単板の当て板　102-3
ダイヤモンドばり（ダイヤモンドマッチ単板）　99
ダグラスファー　51, 108
ダッチエルム　82
ダッチエルム病　82
断熱　32, 33
チーク　80
小さなブロック　97
チェーンソー　20, 24, 25
地球温暖化　14
縮れ杢　30
着色単板　93
虫害　13, 29, 38, 61, 91
中質繊維板（MDF）　114, 117
抽出成分　13
彫刻　15, 24, 26
長軸　117
長軸単板　116
直定規　95, 98, 104
直交積層　106, 109
ちりめん杢単板　90
通直木理　22, 30, 32, 34
通直木理単板　94
テーブルソー（丸のこ盤）　34, 86, 115
テノンソー　96, 115
手挽きのこ　20, 86
手持ち電動のこ　111, 115
天然乾燥　26-7, 32, 34
テンパードハードボード　114
ディメンション・ランバー　25, 28

電気アイロン　95, 100, 101, 104
トウヒ　28
特性を活かす　28, 30
塗装ハードボード　114
虎斑　92

な
内装用合板（INT）　107
内装用ファイバーボード　112
内部割れ　29
生材　26, 32
軟質繊維板（LM）　114
ニカワ　95, 95, 98, 100, 101, 102, 104
二酸化炭素　10, 11, 14
濡れ腐れ　38
根　10, 11, 30
根株　88, 89
根株材　30
ねじれ　29
根元部分　22, 88-9
根元部分の単板　87-9
年輪　12, 13, 15, 22, 23, 29-31, 34, 86, 92
農薬　38
のこ　25, 111
のこ身　21, 24, 34, 115
のみ　95, 104
ノルウェースプルース　48
葉　10, 43

は
ハードボード　35, 95, 114
当て板　103
ワックスをかけた　35
ハードメープル　55, 57
ハーフラウンド切削　87, 89
配向性ストランドボード（OSB）　113
波形杢　30
波状杢　30, 90, 92
肌目, 木理　10, 30, 31, 114
歯つきかんな　95, 96
羽根状杢　91
幅ぞり　23, 96
（流紋）状の木目　86
斑入りの木材　38
半径方向切削　30, 87, 92
斑紋杢　92
バーズアイメープル　86, 91
バーチ（カバ）　38, 108, 109
バスウッド　80, 108

バターナット 71
バックカッティング 87
伐出, 運材 16, 20
　　機械を使った方法 22
伐倒 20-2
バルサ 55, 73
晩材 12, 13, 30, 31, 43
パーティクルボード 35, 112
パーティクルボード 88, 112, 113, 115-17
パープルハート 74
パネル 35, 90, 92, 95, 96, 101, l02, 107-9, 111, 114, 117
パネルソー 115
パラナパイン 43, 45
光反射力 30
挽き道 24, 34, 111
挽物 15, 24, 30, 38, 89
挽き割り成型 34
被子植物 10, 11, 55
引張りあて材 22
飛沫杢 92
標準密度ハードボード 114
表面の木目 106
表面割れ 32
平削り, かんな削り 28, 30
ビーチ（ブナ） 27, 31, 108, 109
病害 18, 30, 82
フープパイン 43, 45
ファイバーボード 43, 114
フィドルバック杢 56, 90
フィリピンマホガニー 16
フィリピンラワン 16
フェノール樹脂接着剤 107
不規則な木目 29, 30, 86, 91
腐朽しやすい木材 31
複層合板 109
節 28, 29, 32, 34, 84, 96, 107
不斉肌目 29
腐朽木材 21, 38
縁材 116
縁（ふち）取り 94, 104
縁取り材 113
フリッチ 85, 87
古つや 38
フレークボード（削片板） 113
フレーク杢 22
フレーク杢単板 91
フレーム 24, 33
フローリング 23, 112
フロンガス 14

物理的性質 28
ブビンガ 70
ブラジリアンマホガニー 16, 79
ブラジルウッド 71
ブラックビーン 62
ブロック積み 97
ブロックボード 110, 115, 117
分岐した木目 91
プレッシャーバー 84, 86, 87
辺材 12, 13, 26, 38, 84, 86
ペーパーバーチ 59
ペカンヒッコリー 61
放射組織 23, 28, 87
放射組織（放射細胞） 12, 13, 22, 92
放射組織細胞 12, 13
放射杢単板 92
抱目ばり（ブックマッチ単板） 84, 91
ホワイトオーク 13, 75
ホンジュラスマホガニー 16
防かび剤 19, 38
膨潤 26, 106, 112, 114
防水 114
ボックスウッド 55, 60
ポリエチレン 32, 35, 98, 102
ポンデローサパイン 50

ま
台木 26, 102, 103
曲げ加工 32-5
　　成型合板 111
　　曲げ加工の準備 33
　　曲げ曲線 32, 34, 35
　　曲げ集成材 34
　　曲げ品質 33
　　むく材 35
曲げやすさ 34
柾目 22
柾目板 96, 109
柾目スライス 87, 92
柾目挽き 13, 22-3, 30, 34
柾目フリッチ 87
マット 112
マツ 108, 113
マホガニー 16, 31, 79, 107, 109
マリン合板 107
丸のこ 22, 86, 115
丸みのある角 43
幹 10, 11, 13, 21, 22, 30, 41, 88, 89, 90, 91

溝のある木目 88
密度 26, 31
無欠点材 28
目切れ単板 116
目廻り 29
メラミン膜 113
杢 16, 22-3, 30, 84-8, 90, 91, 98, 99
木材乾燥 26-7
木材構造 10, 29, 33
木材切削 21-3, 25, 30-l
　　順目切削 24
　　縦挽き, 縦切削 30
　　だら挽き 23, 26
　　横挽き 24
木材の選別 18, 28, 29
木材の等級付け 28
木質ボード 19, 22, 35, 84, 86, 95, 96, 102, 105-17
目視等級 28
目視等級 28, 30
木目, 木理, 杢, 繊維 10, 28, 30, 34, 84, 89-93, 95-9, 100, 101, 106, 109, 11l, 112, 116
　　繊維方向 10
　　木目のパターン 30, 34, 43

木目を合わせた単板 107, 109
　　もく4枚ばり 99
モミ 28
森 14-20

や
ユー 52
有孔ハードボード 114
ゆがんだ木目 89, 9l
ユティール 16, 66
弓ぞり, 縦ぞり 29
ユリアホルムアルデヒド接着剤 35, 107
ヨーロピアンアッシュ 69
ヨーロピアンウォールナット 72
ヨーロピアンオーク 78
ヨーロピアンシカモア 56
ヨーロピアンビーチ 68
ヨーロピアンプレーン 75
ヨーロピアンレッドウッド 51
葉緑素 10
横面 35
呼び寸法 28, 43

ら
ライム 81
落葉樹 10, 41, 55
裸子植物 10, 11, 43
ラジアルソー, 自在丸のこ 111
ラテックス溝 65
ラミン 69
ラミンボード 110, 115, 117
リームー 47
リグナムバイタ 15, 70
リグニン 10
両面ハードボード 114
林業 18-19
レースウッド 75, 92
冷間接着剤 102
劣化 27, 38
レッドアルダー 58
レッドオーク 13
レッドラワン 79
レバノンスギ 46
ロータリー切削 84, 86, 89, 91, 106, 109
ロータリーレース 86, 89

わ
ワシントン条約の規則 14, 15, 58
割れ 29, 32, 34, 38, 84, 106, 107, 114, 115